一看就懂的

Information Design

高效圖解
溝通術

企劃、簡報、資訊傳達、視覺設計，各種職場都通用的效率翻倍圖解技巧

資訊設計師 **桐山岳寬** Takehiro KIRIYAMA 著

李秦 譯

引言

「事情好像沒有說清楚⋯⋯」

你有過這種經驗嗎？

特別是在商務場合，常需要向對方闡述一個全新概念，如果內容很複雜，還可能產生誤會。

我想不只是你，很多人都覺得自己不擅於「說明」。要正確又直接的說明，真的不容易。

就算研究過幾本話術技巧的書，或是事先整理好文章，效果卻還是不太好。拚命加班準備會議用的簡報也不見成效；雖然先對方看過資料了，但說服對方還是很花時間；明明已經寫得很詳細了，還是有人會有疑問與抱怨；但一而再地重複解釋，也只是讓對方越來越不耐煩而已⋯⋯

如果你有以上的困擾，我可以告訴你如何更快、更確實地傳達你的想法。

首先，請看一下下面這兩張圖。

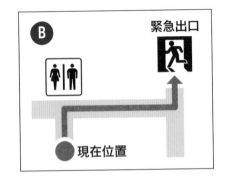

2

究竟哪一張圖比較清楚明白、一目瞭然？每個人一定都會覺得圖 B 比較好懂。

　　會覺得說明很困難的人，是不是總拿著圖 A 解釋，卻煩惱別人都不理解呢？

　　這時候其實只要給對方看一次圖 B，就可以確實地傳達資訊。不需要高超的話術技巧，也不需要優秀的寫作能力。

　　你需要的是，如何以「適當的圖解」來說明的能力。本書要詳細介紹的，就是這個。

　　圖解的原理非常簡單，你一定做得到。只要你有筆和紙，還有足夠的「概念」。

　　我一直都在研究如何讓外國人看得懂的設計，像是：

　　「如果不使用對方的母語，究竟可以傳達多少訊息？」「要如何才能讓每個人都看得懂？」等等。

　　在尋找各種文獻與不斷實驗之後，我發現一件事，那就是：

　　在文字與語言不通的狀況下，只要使用適當的圖解，就能跨越語言的隔閡。

　　這項研究的基礎，是整合每個人都能輕鬆學會的「說明的圖解技巧」。本書大部分內容都可以應用在與外國人溝通及國際策略上，如果能與對方語言相通，效果又會更好。

　　閱讀本書可以學習有效的圖解技術，讓人不再苦於「說明」。

　　讓我們趕快準備好紙跟筆吧！

桐山岳寬

2017 年 6 月

CHAPTER 1 〔準備〕
「圖」可以說明一切

〔圖的功能〕

CHAPTER 2

傳達「圖示」的 5 個重點

1 掌握圖解的「5 個功能」

圖解功能 1 即時傳達訊息

圖解功能 2 製造親切感

〔製「圖」〕

CHAPTER 3 征服主題、呈現方法、成品 3 座高山

1 製圖需征服的 3 座山

STEP 1 決定主題：同時進行主題設定與訊息分類

STEP 2 決定呈現的方法：帶入圖解基本架構

「照片」與「插圖」的不同

傳達訊息的圖表最重要的「功能」與「目的」

① 圓餅圖：只用於傳達「占全體的比例」

〔範例集〕

CHAPTER 4 只要改變「圖解」就可以傳達所有訊息

1 常見的失敗範例要這樣改善

本文設計& DTP：ISSHIKI

CHAPTER **1**

[準備]
「圖」可以
說明一切

1 製作說明文件 並不需要「寫作力」

準備資料時首先要做的工作

你在準備工作的資料或要發表的簡報時，首先會做什麼呢？也許你無法立刻回答出來，但你是不是就像以下所述？

1. 打開電腦中的簡報製作軟體。
2. 開啟新的文件，開始寫文章。
3. 配合資料與簡報需要，從網路上或檔案中引用與搭配適合的圖表或圖示。

如果你製作資料或報告的方式也是這樣，那麼你只需要再增加下列習慣，或許就會有很大的突破。這對製作資料與文章很有幫助。

準備紙筆，安靜地坐下，伸一下懶腰。

只要這樣就好。也許聽起來有些老派，不過這是我一定會做的前置作業。

第一眼看到的 不是「標題」也不是「摘要」

你知道人們在觀看資料與簡報畫面時，最先映入眼簾的是什麼嗎？

答案是，圖解與照片等「視覺影像」。

雖然標題與摘要確實很重要，不過就算把字體放大，一般來說還是不及圖解與照片醒目。不用說，字體小的長篇大論更是無法吸引人們的目光。

如果有人給你一份資料，首先你一定會不自覺地看向圖或照片等視覺影像。

會先看圖解、插圖與圖片是人體的生理自然反應，與旁邊的文章內容有多重要並無關係。

接著你會判斷這份資料或文章對自己來說重不重要。如果重要，便會開始閱讀文章。

這就是人們在確認資料與文章時下意識的流程。

人們會先看見視覺影像

不擅長閱讀寫作的人更有利

也許你的老師或主管並沒有這樣教你，他們可能是說：「資料是以內容的質量決勝負，內容才是關鍵」。如果你也這麼想，那麼應該改變一下觀念。

當然，資料的內容如果太糟，也是不行的。

另一方面，我們必須先有「人們最先注意到的是『視覺影像』」這個認知。是否明白這一點，結果是天差地別的。

如果你現在還無法有效活用「視覺影像」，那可會損失慘重。

常被說「你寫的文章很難懂」的人，或是覺得自己不擅長寫文章的人，現在可是你反敗為勝的大好機會。

製作能讓人直覺理解的資料

我們知道，全部都是文字的資料很難閱讀，但是過度訴諸視覺效果的「難以理解的圖解」也不好。

不論是滿是字海的資料，還是難懂的圖解，如果給人「好難理解」或「好複雜」的第一印象，人們的注意力就會變得散漫，興趣也會降低。所以：

如果訊息無法讓人理解，表示其中缺乏能直接理解的元素。

這就是原因。

視覺影像決定第一印象

如果可以藉由好懂的圖解或照片直接傳達訊息，效果可能也會大相逕庭。

而且，這無關訊息量的多寡。發表資料與簡報時前言很重要，

14

每一章節、每一頁的表現方式也有很大的關係。不論訊息的多寡與尺寸，都會有關鍵的重點，它們給人的第一印象，會影響對方的理解程度與之後的回應。

由此可知，視覺影像的影響力是多麼強大。

省去溝通、傳達的步驟，提升理解度

正確傳達訊息有以下三種方法，我們幾乎都是選其中一種。

- 說明
- 書寫、描繪
- 拿出具體的東西示範解釋

有些選項可能會因為某些限制而無法採用，但也有不須多想就能輕鬆選擇的選項。在這裡必須要注意的是，「說話」時就算每次說的內容相同，也有可能因為一些差異而導致效果不同。

當天身體的狀況、會場的情形、觀眾的類型與態度等，都會影響效果，也可能因為太過緊張導致廢話太多。專業的演說者另當別論，一般人很難在每一次演講時都維持一定的水準。

但如果我們利用文字與圖片輔助的話，只要先製作好文件與資料，演講時便不會有什麼突發狀況。一百字的文章不管複印幾次都是一百個字，觀眾不論有幾人，準備好的折線圖數據也不會改變。

有發表過簡報的人應該都知道：重要的內容絕對不能遺漏。因此要盡可能確保每次的發表質量。

視覺影像就是能保證這效果的「好用工具」。

我想，你在發表時為了避免遺漏重要的內容，一定也會在簡報

中強調重點吧！為了簡化內容，可能也會附上圖片。如果是這樣，你已經充分理解圖示的本質了。

「讓圖示派上用場」的意思，是省去多餘的話語、傳達的步驟，而能提升對方的理解程度。

優秀的視覺影像本身就能幫你說明，你不需要用太多言語或文章說明，而且對方都能理解。

圖示的效果不只能幫助不擅長在人群面前開口的人，對不會怯場的人來說也事半功倍。只要善用圖解，你的說明講解便能煥然一新。

那麼，能夠節省口舌工夫的是什麼樣的圖示？只要看一眼便能理解的圖示又是什麼樣的？接下來我會更詳盡的說明。

如果你要向沒看過的人說明「水豚」時
與其用語言或文字說明，不如直接給對方看圖片

2 以「傳達的方式」提升對方的理解度

以 2 個圖表實際感受「理解度的差異」

請閱讀下一頁。這兩個圖表都是全世界咖啡消費量成長示意圖。

這兩個圖表都是我根據世界咖啡組織在 2016 年發表的數據所製作，差異在於折線的種類與訊息配置等。雖然是小細節，應該可以看出來。

請想像一下。

如果你是發表簡報的人，要說明今後亞洲和大洋洲的市場展望，而投影片簡報將出現圖示。

……那麼，你會使用哪一張圖來說明呢？哪一張能讓你節省說明呢？

如果你選的是圖表 2，你是個能直覺理解圖示影響力的人。

圖 2 的折線圖可以立刻傳達「亞洲和大洋洲地區的市場成長較其他地區大」這項訊息。

圖 1 的折線圖，講者必須以口頭說明哪些是必須注意的地方。

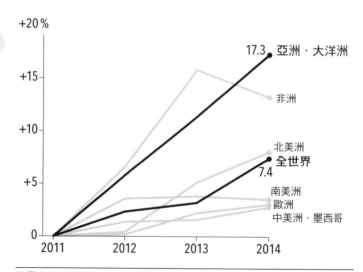

1

+20 %

- - - - 非洲
-·-·- 北美洲
-··-··- 全世界
•••••• 亞洲・大洋洲
······ 歐洲
—— 中美洲・墨西哥
- - - 南美洲

+15

+10

+5

0

2011　2012　2013　2014

世界咖啡消費（以 2011 年為基準的成長率）

2

+20 %

+15

+10

+5

0

17.3　亞洲・大洋洲

非洲

北美洲
全世界
7.4

南美洲
歐洲
中美洲・墨西哥

2011　2012　2013　2014

世界咖啡消費（以 2011 年為基準的成長率）

在你說明時，對方會被各式各樣的線弄得頭昏眼花，因此必須全神貫注等待你的說明。

所以，觀眾的注意力會被分散是理所當然的。

圖 2 會讓觀眾感受到你用粗黑線強調的意圖，於是在說明前，對方就能大概預想到你要說的內容。

以圖示省去冗長的說明，就是這個意思。

不會使用圖示的人，或是完全沒有圖示概念的人，就會直接放上**圖 1** 的資料。

另一方面，善用圖示的人就會像**圖 2** 一樣，下工夫把自己想要強調的重點與圖表融合。

訊息來源完全相同且表現的內容也完全一樣時，只要稍微改變觀點，傳達的方法便會截然不同。

也許有人會說這根本相差無幾。

但是當你要發表三十分鐘的簡報，製作五十頁的參考資料，編

拒絕「加深混亂的圖」，製作「傳達訊息的圖」

輯一百頁的報告書，以及試想十年間全部的事業活動時，這些你在意或不在意的小細節將會累積成多大的鴻溝，不覺得很可怕嗎？

工具明明都有了，
為何還是「無法傳達」？

只要按兩下電腦桌面上的圖示，便能打開製作資料與文書的軟體。這些軟體都很好用，只要方法正確，便能做出不輸專業者的設計成品。

所有製作資料文件的工具都在你眼前，而且軟體的功能也與日俱增。

但是你真的有感受到以下這幾點嗎？

- **使用資料與文件來說服別人越來越容易。**
- **與以前相比，企劃更容易通過了。**
- **簡報的實際效果提升了。**
- **顧客或對方誤解與無法理解的狀況比以前少。**

能夠抬頭挺胸說出「這些電子產品改變了我的人生」的人很幸福，但是這樣的人其實鳳毛麟角。

因為不論工具變得有多方便，使用者的概念還沒辦法追上進步的腳步。

所以，概念必須奠基於理解「視覺影像」的效果。

如果你沒概念，就無法活用工具。

但你為什麼會缺乏製作圖示的概念呢？

那是因為長久以來，大家都說內容文字比製圖重要，所以你必須花很多的時間充實文章內容。

加上周圍沒有人針對你的圖解內容給予適當的回饋。

導致我們接觸到的資料與簡報，大多都複雜、索然無味又難以理解。

文章內容當然也很重要，但文章畢竟只是資料的一部分。

你在製作資料時，可以把一半的精力放在內容上，另一半則用於呈現的方式。

雖然「工具」很重要，但是也要有「概念」，才能妥善運用「工具」

3 你是否做出無法傳達訊息的髒圖呢？

觀察一下周遭，髒圖到處都是

如果你總是為了提升文章內容品質而苦戰，不妨試著改變一下方向吧。多花一點時間在製作圖示上，你會發現，不用太費工夫就能大幅提高對方的理解度。

但是，如果你缺乏呈現圖示的概念，或是用錯方法，原本想要製作「清楚好懂的資料」，就會弄巧成拙，變成「難懂的資料」。

使用圖示的方式如果不對，反而會誤導對方，增加不必要的混淆。

我認為，目前有意識到這件事的商務人士，仍然十分稀少。

從上櫃公司舉辦的顧客研討會，到中小企業經營者的演講簡報、政府機關的公開資訊等資料，我都有看過，如果光看其中的圖示，仍有 95% 以上是「重症狀態」。

我看過的資料大部分都是自我風格強烈，「只有自己看得懂」的類型。

這就是我要在此介紹的「髒圖」。

試著回想一下，你是不是也看過類似右頁的髒圖呢？

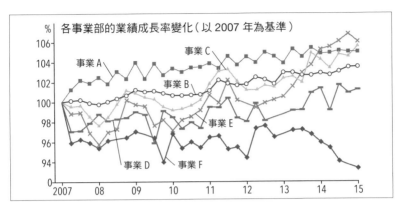

髒圖 1 折線圖

像是在畫人類微血管般，線條糾纏不清的折線圖。雖然它應該是想表示業績隨著時間軸的變化，可是讓人看得眼睛很痛，不知道要如何解讀。

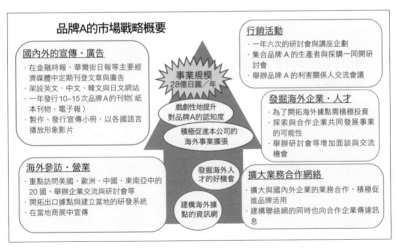

髒圖 2 發表簡報

擠滿說明文字的簡報內容多到看不完。發表者必須努力讀出簡報上的文字，以致必須背對觀眾說話。此舉會失去觀眾的注意力，因為沒人想閱讀內容繁雜的文章。

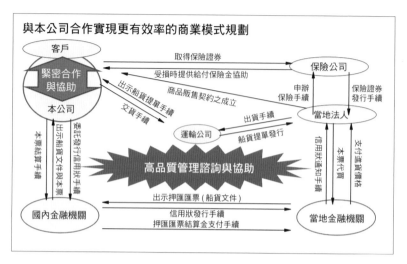

髒圖 3 步驟流程的圖解

以許多箭頭連接的業務流程，儘管箭頭連接的內容看似很清楚，但看起來還是很複雜。這圖很難讓人理解，會令人混淆。

聰明人容易陷入的迷思

　　會做出這種髒圖，通常都是強迫推銷「只有自己看得懂的圖解」給對方的緣故。

　　主要可以分成以下三種：

① 只是突然想到要「在這裡放一張圖」
文章寫到一半時，突然想到可以放一張圖，於是就開始製圖，但沒思考過是否有更好的呈現方式，只想出一個方案便交差了事。

↓

於是就完成了一張只有本人才理解的圖示。

②「直接使用」現成的素材

你在製作資料時想放入一個數據檔案，你想起之前在別的企劃中製作過一個數據圖表，所以就直接把那個檔案貼上，結果這次的資料多出許多不必要的資訊。

↓

於是，非常不容易閱讀。

③在一張圖中「塞進過多資訊」

你在製作某國的貿易交易國比例變化圓餅圖時，出口國共有二十多國，你卻全放進同一個圓餅圖中。你把每個國家分成不同顏色，還把貿易交易額標在圖裡，還能看出各國順位。最後，為了比較今年度與十年前的變化，還在左右各放了一張圓餅圖。

↓

於是就做出一張非常複雜的圖。

其實這是聰明人很容易陷入的盲點。他們覺得既然自己可以理解，那其他人一定也可以理解。

他們認為：「這麼簡單的圖，你應該也看得懂吧？」

對方什麼都沒說不代表他「理解了」

實際上，對方可能是好不容易才終於弄懂了，或是需要花點時間理解，也有可能是完全搞不懂。

但是，問題不只有「難懂、難以傳達訊息的髒圖」。像這樣把髒圖擺著不管也是問題，但是擺著不管是有原因的。

因為沒有人批評「這張圖很難懂！」

很少人會直接跟簡報者反映「你的說明我聽不太懂」，因為以下兩點：

第一，因為覺得直接挑明太失禮，不想讓簡報者受傷，或者只是在客氣而已。

第二，「聽不懂是因為我的理解能力太差」這種不安的心理。該不會只有我聽不懂吧？其他人好像還會不時點頭贊同的樣子……

但是說出來太失禮了

覺得是自己理解力差
所以說不出口

沒有人向簡報者提問，因此簡報者也無法掌握聽眾的理解程度。結果雖然對自己的說明內容沒信心，卻因為沒有人反映，而樂觀地認為「應該沒問題吧」。

於是雙方的理解就產生了巨大的鴻溝。

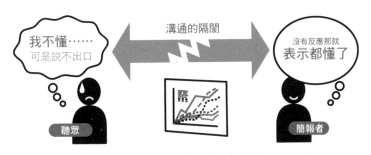

因為難以啟齒，所以簡報者不知道「這張圖很難理解」

為了不讓好點子化為烏有，你應該……

「我很沒創意……」

許多人都有這樣的自卑感。

其實原因很簡單，因為大部分的人都沒有學過圖解製作的技巧與資訊的基本呈現方式。

「我連最基本的製作方式都不知道……」

「我是參考以前主管做的資料與客戶給的資料，然後一邊摸索一邊努力做出來的。畢竟我也不是設計師，沒時間系統性地學習如何製作。我還有很多得優先處理的工作……」

我能理解這樣的心情。

不過，現在可是資訊爆炸的時代。

如果希望你的好點子不要被資訊的洪流淹沒，就必須展現出「值得一看的價值」。

多數人會關注的，並不是內容完美卻無法傳達出去的東西，或是過於複雜、曲高和寡的內容，而是雖然還不夠完美，卻能觸動人

心的事物。

首先，你只要能成功吸引大家的注意，不足的部分都還有辦法補救，也會有機會補充說明。

你必須做的，只有「能以圖表傳達訊息的資料」。

吸引人們注意的機會通常只有一次。如果因為不理想的資料與提案而消磨你的價值，不只是你吃虧，對社會也是一大損失。

所以我們一定要避免這種情況發生。

你現在應該了解，突破眼前高牆的關鍵，就在於「製作圖示」了吧？

不需要過人的創意就能設計「傳達訊息的圖」

如果你擔心自己沒「創意」，大可放心。

其實圖解不需要「創意」，只需要基本概念便可以製圖。

只要有一點基礎概念就夠了，而且也可以利用小抄。

許多視覺設計師、設計研究家與認知科學家多年來為我們累積了眾多優秀作品，我們可以向他們借鑑，大膽活用這些知識，對非專業設計師也很有幫助。

「製作圖示」的技巧，不過就是活用「基礎的設計知識」罷了。

如果你不是以成為設計師為志業的話，

有沒有創意與才能都不是問題，只要模仿好的範例，照本宣科製圖即可。

本書會介紹世界各地的許多優秀範例，希望你可以擷取它們的優點。

圖解不需要「創意」，只需要「基礎概念」

不過，在這之前，如果你先了解圖解的基本概念，就能更有效率地執行你的工作。

圖解說明有幾個基本原則，我會在第二章說明。

4 如何設計出直覺傳達訊息的圖？

不論是何種領域、工作，圖解的技術都會派上用場

製作圖解的技術可以應用在各種場合中。

比方說，像是發表簡報、發送講義、印刷品與網站等，不論是自行製作或是委託設計公司製作，都能派上用場。如果可以清晰明瞭地傳達自己的想法，就能加速雙方的溝通速度，還能提高理解正確度。

再者，圖解的技術在所有領域都能派上用場。

現今所有產業都與圖解息息相關，不論是說明手機的付費方式，或是營建業發表的最新型堆土機發表會，都需要有圖解力；兒童教育福利服務、社會活動，或是對外國人的說明與國際策略，都不可或缺。

這些事物與各行各業全都是奠基在「說明」之上才得以成立，也就需要圖解。

現代社會中瀰漫著不透明與不安的氣氛，讓自己生存下去的最強武器，就是「圖解技能」。

使用符號就能「直覺地」傳達訊息

雖然我多次提到「圖解、圖示」這幾個字，不過要讓你失望了，不是所有的訊息都可以視覺影像化。語言有語言的功能，圖解不可能完全取代它。

一個抽象、概念性的內容大多必須仰賴文字，有時候用圖解表示反而會更難傳達意思。

　　比方說，如果請你把以下的文字做成圖示，你應該會很傷腦筋吧，因為內容有點抽象。

> 把文字或語言資訊整理成視覺影像，
> 將更有助於傳達資訊。

只用複雜的文字來說明

　　這時候，你是不是覺得圖解派不上用場？沒這回事。
圖解技能可以讓文字的配置方法與呈現方法變得更清楚明瞭。

文字搭配視覺影像呈現，或是改變分類方式重新整理，就可以得到與視覺影像化同樣的效果。

　　像上面的文字範例，我們就可以用數學算式來呈現。周遭許多事物都能賦予我們靈感，就如同下圖所示。

文字・語言資訊 ✕ 視覺化整理 ＝ 更有助於傳達資訊

用符號來說明複雜的資訊傳達

　　這樣是不是更簡單易懂了呢？
　　只要下點工夫，這樣的圖解可以讓別人更直覺式地理解。這樣的呈現方式說穿了其實也沒什麼了不起，可是你在整理資料或寫文章時，卻忘了要拿出來運用。
　　根據內容不同，有時會需要用文字表示，但是當你只需要追求

傳達力時，這樣的表現方式就是很好的例子。

因為使用符號可以讓對方更直覺地理解。

請你把這個技巧放在心上，在遇到瓶頸時就可以拿出來用。最重要的是，無論何時你都要想著「該如何把這個概念圖解化」。

但是，相對的，你也得知道過度依賴符號的缺點。

使用記號引導可能會過於主觀，導致對方不知道說明者想表達的意思。

特別是很多人會下意識地使用「＝」、「→」與「：」之類的符號，卻不去思考符號使用的規則與一致性，什麼內容都用算式與符號解決。我常看到有這種問題的資料。

必須小心這種「用符號解決所有問題」的不思考態度，這樣可能只會讓對方更加混亂。

請注意，不可以把你的閱聽者放著不管。

圖應該隨著目的而改變

就像在第 23 ～ 24 頁中所舉例的髒圖，並不是隨便把圖配置在文章中就好。就算把難懂的圖放在一起也沒有任何意義，還可能造成反效果。

最重要的還是內容與品質。

圖解的目的是要給予人們直覺理解的「契機」。真正的內容等閱

聽人認同它的價值後再來傳達。所以，以下這句請銘記在心：

呈現方式會因目的而不同，配合目的來呈現圖示很重要。

雖然我在本章開頭提到「你從網路上或檔案中引用與配置適合的圖表或圖示……」但如果這個圖是為了其他目的而製作，便無法直接傳達出你的意思，因為那是為了傳達其他訊息而做的圖。

需要引用其他圖解時，必須牢記「配合目的做調整」與「依需求乾脆的修改」這兩個原則。

只要應用「基本架構」就可以

如果你以前都是從網路上或檔案中直接引用現成資料，也許你會擔心現在要多花時間精力來做圖解了。不過，我要在這裡告訴你：

你只要學會圖解的「基本架構」，就能持續創造出豐碩的成果。

圖解的「基本架構」其實幾乎每個人都看過，我們在免費傳單與網路上就能找到無數的範例。許多你司空見慣的表現手法，都能成為圖解的範例。

總而言之，你只要把自己想要傳達的資訊套進「基本架構中」就可以了。

在構思你的圖解該如何呈現時，重點是快速想出訊息與架構的最佳組合。

關於圖解的架構，我們將會在第四章總結介紹。

你需要先記住的，只有「學會基本原則」以及「把想傳達的訊

息套進圖解的架構裡」這兩個製圖基本步驟而已。

> 製圖的基本步驟
> • 學會基本原則
> • 把想傳達的訊息套進圖解的架構裡

不需要「藝術性」也不需要「創新」

在理解圖解技術之前，你得先有心理準備。

那就是「不需要創新」。

圖解並不是前衛藝術。圖解的目的只有一個，就是**「快速正確的傳達訊息」**。

重點是，製圖時要盡可能用大家都看過的表現手法。如果你拿出的圖解是大家不熟悉的形式，就必須加以解釋，這樣會影響到對方的直覺理解。當你拿出沒有人看過的圖解形式，表示你必須進一步說明，這會成為理解的阻礙。

只要知道世間普遍理解的解讀方式，做出看到圖的瞬間就能理解的圖解，並把這件事放在心上，那就能大幅提升對方的理解度。

設計師都是從手繪開始

我要做一張圖，首先應該做什麼？當你心中出現這個疑問，答案其實只有一個。

那就是先準備好紙跟筆，然後坐在桌前。

我在一開始就提過，你想起來了嗎？目的在於自由地聯想、描繪。

這麼做是有原因的。當你製圖時，以前想到過的點子與草圖，將會對成品的品質產生莫大的影響。

先準備好紙跟筆。大張的紙，A3 左右的大小應該比較好用。就算是現在，優秀的設計師在想點子與畫草圖時，通常不是用電腦，而是紙跟筆。

這樣才能快速靈活地思考。

不斷重新描繪的過程、寫在各處的靈感與想法，都能有效地成為設計的基礎。

即使在現在這個數位時代，還是有很多設計師說他們不會疏於重複這樣的手工作業。

也許你很難相信，不過沒有這道程序是很難往前邁進的。

這種重複的工作，才是製作圖解的主要部分。

在這個步驟做足研究，就能讓成果變得更好。

只要用心做好準備，就算最後還是用電腦製圖，也不會花你太多時間。

首先要準備的只有「紙」跟「筆」

5 「直覺傳達訊息」的製圖步驟

快速學會圖解術，活用 DTM

製圖時，是以什麼樣的步驟進行的呢？

雖然每個人都有自己的方法，但是其中也有保證有效率的方法。這是我日常生活中實際使用的方法，也可以說是思考的捷徑。

這個方法在國外的高等設計教育中已經很普及，幾乎所有的講義都承襲這個方法。專攻設計的學生都知道。

雖然這麼說，但是你不需要擔心害怕。聰明人下意識也是使用這個方法。

在這裡我把這個方法稱作為「DTM」。這個方法其實並沒有名稱，它的思考程序是以 Discovery（發現）、Transforming（改變）、Making（製作）這樣的步驟進行的。

DTM 是以三個英文單字的開頭字母組成。只要按造 DTM 的步驟進行，就能從多方向解決眼前的課題。

因為內容十分單純，只要隨時以這三個步驟來思考如何製作圖解就可以了。

接下來要聚焦在圖解製作上，簡短地介紹各個步驟。

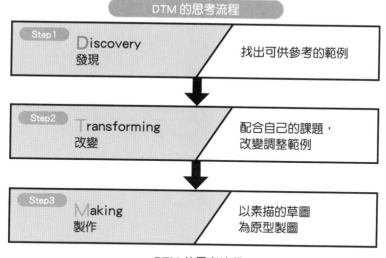

DTM 的思考流程

Step 1
Discovery 發現：找出可供參考的範例

首先，要釐清自己要解決的問題是什麼。是要充實提交給主管的資料？還是希望在與客戶說明時，自己的演講簡報可以更具說服力？

當課題訂好之後，就專心找出範例。

從身邊尋找所有可能成為靈感的範例，蒐集這些有參考價值的範例。辦公室的書架上、網站上、網購型錄都可能是靈感來源。

那麼，現在給你一項功課。

如果要你做一張關於「全球咖啡消費量變化」簡單易懂的圖，你會找什麼樣的範例呢？

首先，我們來想想看可以用哪些方式來表示「消費量的變化」。

折線圖、長條圖、圓餅圖、數據表……或你找得到的特殊插圖。你覺得哪一種圖解更接近你想傳達的內容呢？

為了不要有先入為主的想法，你要盡量收集各種形式的圖。先暫時離開座位，把報紙、傳單與資料集等拿來看一遍。就算是一些你覺得可能用不上的東西也沒有關係，在這個步驟中，盡量收集各種範例才是重點。

如何？你是不是已經收集好各形各色的圖解了呢？

接著，想想看可以用什麼方法讓人聯想到咖啡？比方說，應該可以在咖啡店的網站或型錄上，找到一些色彩、形狀、插圖等讓人直接聯想到咖啡的靈感。

再然後，試著思考要如何讓別人有「全球」的感覺。比方說，有某個公平貿易咖啡的品牌，管理這個品牌的組織所設計的小冊子或網站上，是用怎樣的圖解來表示國內外咖啡的流通與消費的關聯性。我想，這些應該可以給你一些想法。

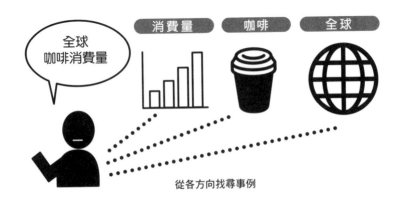

從各方向找尋事例

你找到的範例如果只有一個是不夠的，要收集越多越好。之後把這些範例拿來比較或是重新組合，目的是讓你能夠多元聚焦在問題上。可以從相關產業或類似的商品與服務為中心尋找，不管是好或不好的範例都先收集起來。

當你仔細思考這些範例好在哪裡或有什麼缺點，可以幫助你看清楚想要前進的方向。

本書的第四章會羅列五十個參考範例，我們會比較這些好的範例與不好的範例，並且加上說明。

這些範例可以幫助你省下搜尋資料的時間，歡迎善加利用。

Step 2
Transforming 改變：配合課題改變調整範例

把在前個步驟（第 37 頁）收集的範例對照在自己的課題上，並把重點集中在探討應用方法上。

試著一一檢視手上的每個範例。當你試著調整資訊的分類方式、形式、用字遣詞、數據與配置時，是不是可以找出解決你課題的頭緒呢？

其實，一開頭所介紹「準備紙跟筆」的習慣，在這裡就用得上了。藉由在紙上重複描繪架構與素描，可以讓你漸漸看清楚不足的元素是什麼，以及什麼樣的元素會阻礙你。

在此舉一個簡單的例子。下面的**圖 3**是以汽車銷量圖表製作的咖啡消費量圖。你的工作其實只有把汽車的圖換成咖啡的圖而已。

由此可知，只是把咖啡的資訊套用在汽車圖表上，就能夠完成一個圖解。

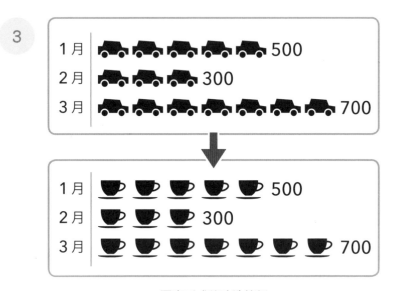

圖表形式的改造範例
只是改變圖案，就可以把汽車銷量圖表變成顯示咖啡消費量的圖表。

在此步驟中，最重要的工作，就是不斷嘗試這樣簡單的想法。

希望你可以輕鬆地運用這個方法。

也許把腦中想破頭也無解的問題畫在紙上，就可以令你茅塞頓開，靈感源源不絕。

因為不論如何，圖都有把事物具體化並讓人更好理解的功用。

你只需要不斷在紙上揮灑，直到畫出的圖讓你覺得「就是這個了！」許多不錯的點子都是這樣浮現的。

在第三章會介紹如何把思考流程分成三步驟，並且介紹具體的範例。希望你可以先理解直覺式的工作方法。

Step 3
Making 製作：以素描的草圖為原型製圖

終於來到最後階段。

這是檢視你完成的素描，並做成完成品的步驟。修改細節，調整成簡單易懂、可示人的程度。

當你在腦中已有具體的形象，再用電腦來完成便不會花費太多時間。

重點在於時時提醒自己用簡單的形狀與構造製圖。

以下的圖表也一樣，立體造型的圖表有時可能會造成檔案改變，所以要貫徹「簡單」這個原則。

圖不需要立體，盡力維持「簡單」即可

只要把這點放在心上就沒問題了。

不過，還有一點必須注意。

一旦發現你完成的圖和想像的不一樣時，就要鼓起勇氣再次提筆回到前個步驟。這次要改造的是自己完成的圖。當你把自己的圖與收集來的範例做比較，一定可以找到頭緒。

你可以參考第四章的改善範例。

不斷重複步驟，「習慣」很重要

現在你是不是對於這三個步驟的程序比較有概念了呢？當你不斷重複這些步驟，就能漸漸理解製圖的要訣。也許剛開始會花比較多的時間，不過一定會熟能生巧。

第一件事就從習慣做起。

[圖的功能]

傳達「圖示」的
5 個重點

1 掌握圖解的 「5 個功能」

以功能區分圖解

我應該在什麼情況下，用什麼樣的圖解呢？

我做的圖真的可以傳達資訊嗎？

如果你開始感到迷惘，其實是一個好的徵兆。因為這表示你思考的出發點不再只是「我該如何呈現？」，而是「對方怎麼看待」。這點很重要。

不巧的是，圖解沒有唯一的正確解答，只能持續探索更佳的表現方法。

但是，即使沒有正確解答，一定也有線索。為了要盡量減少你腦海中的疑問，在第二章我想要更深入探討圖解的具體功能。

在這裡，我希望你可以掌握該在什麼情況下用什麼樣圖解的判斷基準。

如果你大致掌握了圖解的功能，製作圖解時的困惑也會慢慢消失，也能縮短你的作業時間。

我在第一章時提到圖解有幾種型態，其實每一種型態的圖解都有其獨特的功能，大略可以分成五種闡述。

圖解的 5 個基本功能

圖解的機能可以分成以下五種，每一種機能都是貫徹說明技術的基本元素。

圖解的5個基本功能
- 即時傳達資訊
- 讓人容易親近
- 消除不安
- 讓人認真看待
- 避免誤解與錯誤

有時候一個圖解有不只一種功能，也有利用好幾個圖解達成一個功能的情況。

重要的是，消除會妨礙說明的問題。

為了避免讓對方有「看不懂說明的內容」、「找不到資訊」的情況發生，需要先吐露一點要傳達的內容。

這就是圖解扮演的角色。就像我在第一章開頭說的，第一個映入對方眼簾的，一定是視覺影像。

所以，製作圖解的目標會是這樣：

製作圖解的目標
- 讓對方可以預先試想你要傳達的內容
- 為了不讓對方感到困惑，隨時導正著方向

下一頁我們就來逐個研究這「五個功能」吧。

即時傳達訊息

「即時傳達訊息？這怎麼可能辦得到。」

也許有人會這麼想。特別是那些平常就在跟文字資料苦戰的人，應該很難理解這是什麼意思。

但是當你看到下一頁，就會理解這是什麼意思了。我希望你可以快速看一眼下一頁的內容，一瞬間就好，只要 0.1 秒。然後把看到的內容記在腦中。

現在還不能看喔。有一個規則要請你遵守。那就是看一眼之後就要立刻把內容蓋住。希望你不要一直盯著看，也不要不小心瞄到。那麼準備好了嗎？

好，請翻開。

請問上面寫了什麼？

畫了什麼？

請小聲地說出來。

說出來了嗎？那這個任務就結束了。

現在稍微放鬆一下，想想看關於「即時傳達訊息」這件事。下一頁刊載的**圖 4** 與**圖 5** 兩個資訊，內容都是「洗手間在右邊」。

你覺得怎麼樣？這個訊息是否有確實傳達給你？**圖 4** 與**圖 5** 都是在表示這則訊息，你是從哪個圖接收到這個資訊的呢？

可能有人沒發現，這兩種資訊的內容都是一樣的。

洗手間在右邊。

哪一個比較好懂呢？

能夠即時傳達訊息的原因

只用文字表示的**圖 4** 與用圖示表示的**圖 5** 給人的印象完全不一樣。可能幾乎全世界的人都看得懂**圖 5**。

多數人看到就能瞬間理解的資訊，就是「優秀的資訊」。

你知道為什麼大多數人都能理解這個洗手間的圖示嗎？

答案是，因為全世界都使用這個圖示。

這就是即時傳達資訊的重點。

「已被廣泛使用」是讓每個人都能理解的重要條件。

要達到瞬間理解的境界，必須讓對方可以聯想到他已知的事物，這才是最簡單快速的捷徑。

使用每個人都懂的元素

假設我設計了一個獨創的洗手間標誌，貼在你公司大樓入口處的樓層導覽圖上，想必要花上一段時間，才能讓大樓內所有使用者正確認知這個符號。

使用所有人已知並有親切感的元素，既省時省力，又能發揮效果。

如果你的首要任務是傳達資訊，而你並不是設計師的話，那麼你不需要美觀時髦，也不需要獨創性。

只要專注於準備所有人都知道的元素就好。

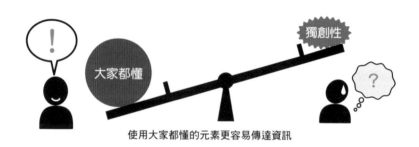

使用大家都懂的元素更容易傳達資訊

注意示意圖（繪文字）的用法！

這樣的符號在設計用語中，稱作「示意圖」（繪文字）。當你想快速將訊息傳達給最多的人時，示意圖便能立大功。示意圖常用於輪椅、電梯、緊急逃生出口等道路指引或標示，在文書資料與網站上也扮演十分重要的角色。說明書中常用示意圖表示危險或需要注意的事項，常常網購的人一定也看過購物車的標誌（**圖6**）。

要提醒人們特別注意、使人們做某種行動，或表示某些項目

時，示意圖就能發揮莫大的效果。我想有很多人在無意識中，已有使用過示意圖了。

但是在某些情況下，單用示意圖是無法傳達資訊的。

那就是，要傳達的內容對你的目標對象來說，不是日常生活中常見的事物。對方可能連示意圖本身代表的意思都無法理解。

「危險・注意」的示意圖（左）與「購物車」的示意圖（右）

如此一來，示意圖不僅變得沒有意義，還會讓對方感到困惑。因為，獲得資訊的鑰匙不見了。

舉個例子，請看右下角的**圖 7**。
你知道這是什麼意思嗎？
我想答對的人一定少之又少吧。答案是「連結江戶與京都的舊街道『中山道』的指引標示」。這是重現某些地區的示意圖。
但是，光看圖完全無法理解。到底有幾個人看到這張圖回答得出來這是中山道呢？
另一方面，要做出一個不論誰看到都知道「這是中山道」的示意圖，其實十分困難。

難以理解的示意圖範例

也就是說，大家不熟悉的示意圖是無法傳達訊息的。

示意圖在這種時候就無用武之地了。為了防止這種事情發生，我建議配合以下方法。

附加文字

附加文字可以讓示意圖的意思更加明確。示意圖搭配文字能提升資訊傳達的準確度。

也許有些人會說：「如果還要搭配文字，是不是根本不需要示意圖呢？」並不是這樣的。

重複或是持續觀看同樣造型，人們自然會把造型與它代表的意思做連結。

看過幾次同樣的圖案後，人們會理解到「原來這個圖案是這個意思啊」，下一次只要看圖，就能掌握它的意思。

比方說，回想一下洗手間的標誌，其實只是男性與女性並排站立的圖而已。

這張圖並沒有任何直接表示「洗手間」的元素，但是這完全不打緊，你與你的家人朋友們，以及我，都能夠聯想到這是洗手間，這是因為我們常常看到這個圖案，進而學到這是代表洗手間的意思。

國旗的圖案也是一樣的意思。沒看過的國旗圖案只要多看幾遍，就算沒有說明也能漸漸地說出這是哪裡的國旗。常看國際運動賽事的人，應該許多人都有這樣的經驗。

只要在示意圖旁附上文字，觀看的人就會在無意識中學習這個資訊的意思，進而正確理解它的含意。不論是否熟悉那個示意圖，都能更容易傳達訊息。接下來，請你絕對不要忘記以下事項。

人一定是先從視覺影像開始看。

示意圖加上文字能加深人們的理解

｜「直覺」傳達的技術

　　請看下一頁的**圖 8**。

　　這是一張警告標示範例的示意圖，取材自某個電子產品的包裝袋上的示意圖。

　　上面標示著各國語言，你看得懂是什麼意思嗎？

　　三角形的示意圖應該是想表達某個東西很危險，但是具體上是指什麼呢？這些語言中，如果你看得懂其中一種便會懂它的意思，看不懂的話，就束手無策了。

　　就像這樣，雖然說示意圖附上說明文字比較好，但是現實上也有示意圖過度依賴文字，無法充分發揮功能的情況發生。

　　即使增加了說明文字，但如果是對方不熟悉的文字，那就沒有意義。語言翻譯也有其極限。

8

> **！ ご注意**
>
> 幼い子どもから遠ざけること。
> 薄フィルムで鼻や口が覆われて呼吸できな
> くなる恐れがあります」と書かれている
>
> **！ WARNUNG**
>
> Von kleinen kindern fernhalten.
> Der dünne Film kann sich auf Nase und
> Mund legen und die Atmung behindern.
>
> **！ AVERTISSEMENT**
>
> Les sacs plastigues pourraient être
> dangereux. Pour éviter tout risque de
> suffocation, tenir ce sac hors de portée
> des enfants en bas âge.
>
> **！ AVVERTENZA**
>
> I sacchetti di plastica potrebbero
> essere pericolosi. Tenere lontano della
> portata dei bambini per evitare
> pericolo di soffcamaento.
>
> **！ WARNING**
>
> Keep away from small children.
> The thin film may cling to nose and
> mouth and prevent breathing.

電子產品的警告訊息（修改前）
你能理解上面寫的內容嗎？
可以想像得到嗎？

　　那麼，我們現在來修改一下這張示意圖吧。

　　請看下一頁的**圖 9**。

　　這樣修改你覺得如何呢？更換新的示意圖後，應該可以更直覺地理解它的意思。

　　至少可以立刻理解「什麼是不能做的事」。大致上可以知道，是「不能讓嬰幼兒碰觸」。不論對方的母語是什麼，都能跨越語言的隔閡，傳達資訊。

電子產品的警告訊息（修改後）

可以立刻理解它要傳達的訊息是「不可以做的事」。英文的意思是「警告：請放置於幼兒無法取得處。塑膠薄片可能會覆蓋口鼻使之窒息」。

在這裡故意用非中文的例子介紹，是希望你可以體會到：「讓對方預測你想傳達的事」所帶來的衝擊。

表示出訊息的「主題」

每個訊息都一定有「主題」，也是需要最優先傳達的核心部分。

圖 8 與圖 9 的的主題都是「不可以讓兒童觸碰」。
像這樣與生命安全息息相關的重要訊息，主題應該要優先傳達出來，像圖 8 就很難傳達主題。
而圖 9 的示意圖是配合主題所設計，因此可以直接傳達訊息。

為了即時傳達資訊，能直覺傳達訊息的「主題」圖案是很重要的。

這在特別需要吸引對方注意時很有用。當你需要導入說明、話題轉換與說明重要項目時，也是一樣。

直覺傳達的訊息在說明時可以讓對方更容易進入狀況，也有積極促進理解的效果。

　　如果可以不仰賴語言讓對方獲得大量的資訊，就能有效率地提升對方的理解度。

　　這點不論是用外語或是母語都是一樣的。

圖解功能 1 總結

「即時傳達訊息的圖解」在以下情況很有用

- 導入說明時
- 轉換話題時
- 說明重要項目時

「即時傳達訊息的圖解」的製作技巧

- 使用對方熟悉的視覺影像
- 視覺影像搭配說明文字
- 使用契合訊息主題的視覺影像

製造親切感

讓人感到「平易近人」很重要

當你聽到「平易近人」時，會想到什麼？

你可能會想到可愛的影像、愉悅的概念等，也可能覺得無法形容。

那麼在這之前，請先想一下相反的「不平易近人」的感覺。你腦海中會出現什麼？不容易接近、盡可能不要扯上關係、讓人想要避開的氣氛，是什麼樣的東西呢？

你是否有過只看一眼工作文件或冊子，就不想閱讀，想要放下來的經驗？

厚重的約款資料、密密麻麻的數據表、字體很小的大量 PDF 檔案、塞滿內容的簡報資料等。不論是職場或家中，都充斥著這些惱人的事物。

不想讓人閱讀的資料

接下來請看下一頁的**圖 10**。

你覺得這個資料怎麼樣？這就是讓人不想閱讀的資料範例。當然，作者並不是有意的。

但是，如果沒有思考就製作的話，很容易就會變成這種情況。

像這樣的人，你會給他什麼建議呢？

10

＜關於訂購與支付相關辦法＞

請於敝公司型錄或網站上訂購商品。當您確定好需要的商品，請先決定數量再下單。大量訂購會提供團購優惠價格。

商品出貨有兩種方式。可配合顧客的需求調整。如有疑問可以郵件、電話、視訊電話洽詢。

當顧客完成商品訂購時，會以 E-mail 通知。請務必確認。確認顧客匯款成功後，在三個工作天內會依指定方式出貨。商品配送時間會因配送狀況提早或延後。請參閱運費一覽表。

關於商品價格與運費相關問題請利用下列聯絡方式，將有專人為您解答。

電話：1234-5678
E-mail：info@example.com
Web：http://www.example.com
營業時間：平日 10:00~15:00

付款方式請利用信用卡、ATM 轉帳、匯款、無摺存款、貨到付款等方式。如有問題歡迎來電洽詢。

塞滿文字的資料
像這種只有文字的資訊，常會讓對方難以理解。

不平易近人的氣氛是什麼？

當我們感到「這個我不可能看得懂」、「這跟我無關」時，就會失去想要理解的慾望。

大部分的情況都是一瞬間念頭變化所引起，而非有條理的思考，只是心情的問題。

我們身邊有太多的資訊——賞心悅目的資訊與需要快速看過的資訊，因此，不平易近人的資訊不會被優先處理，也可能被人完全拋在腦後。

首先來想一下，什麼時候會出現負面情緒呢？

讓人感到難以接近的資訊，通常有以下特徵：

- 看起來複雜又麻煩
- 看起來難以理解
- 沒有親切感、讓人感到厭惡
- 是義務
- 訊息量過多

圖要重於文字

要怎樣才能控制這樣的負面情緒呢？第一件事是思考如何消除不平易近人的氣氛，我有一個好方法。

重點不是文字，而是圖。

並不是要你增加很多圖，而是以圖為中心說明。「以圖為中心」是顛覆以往的常識，「反客為主」。

試著比較以圖解為中心的資訊與長篇大論，給人的印象會有多大的差別。請看下一頁的**圖 11**。圖 11 是以第 56 頁**圖 10** 的資訊重

製的。應該可以讓你實際感受到，「不平易近人的氣氛」也可以變得如此簡單易懂。

有些資訊是對方迫於義務而不得不去面對，像是公家單位的程序，有時內容也伴隨著某些責任，這種時候壓力便會特別大。所以，如果要製作會讓對方感到義務或是需要下決定的資訊時，為了避免對方不想看或是漏看，應該要設身處地為對方著想。

「平易近人」不等於「可愛與歡樂的事物」

製作圖解時，必須留意一件事。
那就是，傳達事物時應有的氛圍（tone）。
要時常提醒自己，每次製圖時都要營造出健全誠懇的氣氛。因為這件事會對人的心情產生很大的影響。

使用過分可愛的事物、不和諧的歡樂氣氛，很容易讓人產生不信任感，會令人覺得「是不是把我當笨蛋」或是「不莊重」。這樣的心情其實大多都是由一些細節引發，我想這也是你在現實交流中優先要注意的事情。

「平易近人」的意思是「很容易讓人接受」，並不一定是「可愛、歡樂的氣氛」。

因為可愛、歡樂的氛圍不一定每次都能讓對方感到舒服自在。

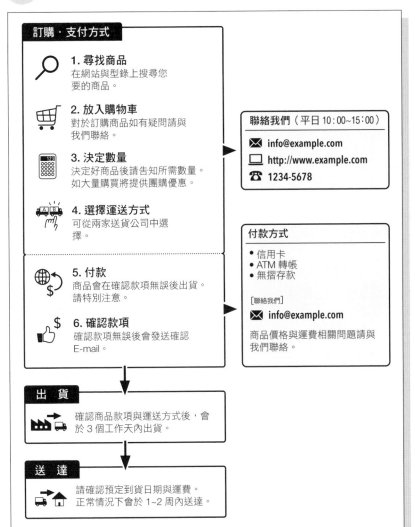

11

訂購・支付方式

1. 尋找商品
在網站與型錄上搜尋您
要的商品。

2. 放入購物車
對於訂購商品如有疑問請與
我們聯絡。

3. 決定數量
決定好商品後請告知所需數量。
如大量購買將提供團購優惠。

4. 選擇運送方式
可從兩家送貨公司中選
擇。

5. 付款
商品會在確認款項無誤後出貨。
請特別注意。

6. 確認款項
確認款項無誤後會發送確認
E-mail。

聯絡我們（平日 10：00~15：00）

✉ info@example.com
▢ http://www.example.com
☎ 1234-5678

付款方式

- 信用卡
- ATM 轉帳
- 無摺存款

[聯絡我們]

✉ info@example.com

商品價格與運費相關問題請與
我們聯絡。

出 貨
確認商品款項與運送方式後，會
於 3 個工作天內出貨。

送 達
請確認預定到貨日期與運費。
正常情況下會於 1~2 周內送達。

1 準備

2 「圖」的功能

3 製圖

4 範例集

以圖解為中心的資訊
內容複雜的資訊經過調整，改以圖解為中心的
方式呈現，變得簡單易懂。

如果你不知道該以什麼樣的感覺來傳達訊息的主題，那就先暫停一下。檢視一下自己是不是太容易被可愛、愉悅的感覺影響了？

這種時候，只要專注於傳達自己平實誠懇的心意就好。

為了跨越自己內心的障礙，我時常把這件事放在心上。

保持「做出平易近人的感覺」這項原則，不僅能降低心理上的抗拒感，還能發揮絕佳的效果。

請記住：如果你要傳達的概念用文章來表示會變得複雜難懂，那麼就把文章與圖解的立場互換，讓圖解成為主角。

圖解功能 2 總結

「平易近人的圖解」在這些情況下很有用

- 要表示複雜的資訊時
- 要傳達大量資訊時
- 內容對對方來說是義務或是需要下決定時

「平易近人的圖解」的製作技巧

- 不要使用文章，改以圖解為中心說明
- 資訊的主題以平實誠懇的感覺呈現
- 不要被可愛、歡樂的事物影響

消除不安

如何「預見未來」

不論生活過得多麼舒適順遂，人們還是會感到不安，無一例外。
那麼，不安的感覺究竟是從何而來？

通常都是源自於「無法預見未來」的現實。

對未來的不確定感導致不安，我想你應該也有所體會。深陷在人生的迷宮中，此時你最想知道的是「**通往出口的路徑**」。

圖解的道理也是一樣。大多數人在看資料時感到的「隱約的壓力」或「些許的不安」，都是因為無法從說明方式中預測資訊的走向。

沒辦法預見未來？

也就是說，你的說明要讓對方可以掌握重點。

「整體」、「部分」、「流程」的表示

現在，回想一下搭捷運的時候。

你在搭車前會先確認捷運的方向，也知道要在哪一站下車，然後不時會確認現在到哪一站了。

因為搭捷運時，自己可以不斷確認這些資訊，人們才能安心搭

車。捷運路線的整體、部分與流程相關資訊，可以消除你的不安。

如果你完全無法接收到這些資訊，想必會非常不安，甚至會直接下車。當捷運路線發生事故時的不安與焦慮，都是來自於無法看清未來的緣故。

同理可知，如果你提出的說明內容可以像地圖一樣，一眼就看出現在的位置與路線圖，就可以降低對方的不安與不信任感。

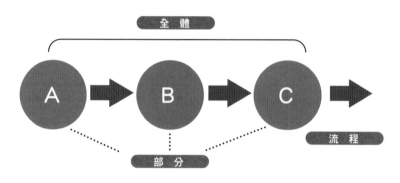

表示整體、部分與流程，可以減輕對方的不安

不要做出會讓對方感到壓力的資料

請看下一頁的**圖12**。這是某國長期居留證更新方式的說明文件。

雖然為了舉例方便改成中文，內容也稍作修改，但是原本的感覺幾乎沒變。

12

給申請延長居留許可的各位：

謝謝各位申請本國的延長居留許可。申請時須要採集各位的指紋訊息，因此請注意下列事項。

申請手續辦法：
請盡速辦理指紋採集手續。辦理手續的期限至 2017 年 10 月 31 日止。為了確保您的申請書能確實處理，請在規定時間內完成。任何一間郵局皆能辦理手續。採集指紋時請務必攜帶記載申請編號、姓名、出生年月日的申請書與身分證明文件（如申請書上的個人資訊有誤，請盡速聯絡管理局）。再者，如未攜帶申請書將無法進行指紋採集作業，請特別注意。另外，申請時請支付郵局手續費 $25.00。
您的指紋採集資料經管理局確認後將會以書面通知。如有疑問請利用以下電話號碼與我們聯絡。

聯絡處：
管理局 居留延長申請科 [電話] 1234-5678

讓人無法掌握走向的資料
因為沒辦法一眼看出辦理手續的資訊與截止日期，因此會讓人感到抗拒與不安。

某天，這封信突然送到你家。

而你必須辦理這項手續。

對於每天都非常忙碌的人來說，這封信無疑是麻煩與困擾的代表。

面對文字塞得密密麻麻的文件，你突然湧上一股厭惡與不安的情緒。到底是多麻煩的手續在前方等著你呢？

就算你看完整個文件，還是搞不太清楚手續到底如何進行、何時截止，因為上面並沒有寫，只寫著你必須立刻處理的手續辦法。寄出資料的公家機關根本不在意你的不安。

製作這份文件的人只想要你照著指示辦理手續。

你突然被捲入不知何時結束的麻煩手續中，頓時感到一股怒氣與不安。

但是，這樣的文件真的能讓每個人都按照程序辦理手續嗎？

如果今天是你被指派製作這份文件，你會如何修改呢？

▍只要看到「流程」就能感到安心

接著請看下一頁的**圖 13**。

它是以剛才介紹的**圖 12** 修改而成。

雖然內容相同，可是有搭配圖解，表示出「整體」、「部分」與「流程」。

13

1

現在位置

管理局送達通知書。

請確認文件上的**個人資訊**。

重新送達通知書。

如**個人資訊有誤**請盡速與管理局聯絡。

☎ 1234-7890

2

Post Office

郵局可辦理指紋採集。需向郵局提出**申請書**,並支付 $25.00。

$25.00

登記您的指紋資料。資料會自動送往管理局。**務必於以下日期前完成手續。**

您的手續辦理期限
2017年10月31日

請務必攜帶

• 這份文件
• 身分證明文件
• 手續費 $25.00

3

3 日後,管理局會將您的護照與 BRP 卡分別以**兩種通知文件**送達。

請確認 BRP 卡上記載的**個人資訊無誤**。

寄送新的 BRP 卡與通知書。

如**個人資訊有誤**請盡速與管理局聯絡。

☎ 1234-7890

4

👍 申請手續完成。

了解整體流程的訊息資料

可以知道自己目前到哪一個階段,並且附上可以掌握之後手續進行流程的訊息。這樣做就可以讓對方感到安心。

收到這份信件的人，可以明確掌握現在在哪一個階段，下一步要做什麼。

如此一來就可以掌握手續進行的流程，以及怎樣才算是辦理完成。

收到這樣簡單易讀的文件，對方也會感到安心。

如前例描述的法律程序，雖然是一項事務性的例行作業，但是後者的文件可以掌握整體流程，幫助人們在腦海中預想到達終點的路線圖。

這樣的方法就跟前述的捷運例子相同，讓對方不會產生無謂的不安，也能縮小行動時的阻礙。

接下來，我們來探討「表示流程的圖解」的相關技術面。

使用 Step by Step 的技巧

你聽過「Step by Step」嗎？

也就是一步一步踏上階梯的說明方法。在許多圖解技巧中也是十分重要的技法。

當你要傳達順序與手續的方法時，Step by Step 圖解能扮演很重要的角色。

圖 13 的流程圖解說明，就是很典型的 Step by Step 圖解。你一定不陌生，在日常生活的各種場合中，應該也有看過這樣的圖解。

但是這個技巧有一些注意事項常常被忘記。

希望你可以牢記以下事項。

準備好足夠的步驟

當你要從一個步驟前往下一個步驟時，如果說明不夠充分，可能會使對方感到混亂。

比方說，原本步驟三到步驟四中間應該還需要一個步驟，可是你卻把它省略了。

如此一來，對方跟不上你的步驟，便會無法理解。

你有沒有過這樣的經驗，當你在看說明書的時候會感到困惑：「咦？這之間是不是漏了什麼？」。

像這樣的問題時常發生。由於說明者熟知自己的商品與服務內容，因此很難設身處地站在初次接觸的人的立場來思考。

為了避免這種情況發生，一定要隨時記得準備足夠的步驟。

準備的步驟必須多到你覺得「會不會說明太多」的程度，才是清楚傳達資訊的捷徑。

這點請務必牢記在心。

比方說，你現在要準備一項企劃，你就要思考說明內容是否還有空間，可以消除對方的不安。

不論是什麼樣的內容，清楚標明整體、部分、流程，就能讓對方更感安心。讓對方安心，便能讓你接下來的行動更順利。

總而言之，第一步要先表示出重點。

這麼做，就可以讓對方的心境產生莫大的變化。
請務必應用在你的工作中。

就像一階一階往上爬的樓梯（step），說明時也要照著順序進行

圖解功能 3 總結

「消除不安的圖解」在這些情況下很有用

- 要傳達順序與手續的方法時
- 要按照順序說明大量資訊時

「平易近人的圖解」的製作技巧

- 表示整體、部分、流程這三項元素
- 使用 Step by Step 的技巧
- 提供資訊時要準備足夠的步驟

讓對方認真看待

你在做決定時，應該大多會把選項互相比較，思考哪一個比較適當。越理性的人越容易有這樣的傾向。

有時候會徹底比較所有資料，從各個面向思考，也有時候會以直覺掌握大略的情況，並且大膽思考。

以你自身的情況搭配所知的訊息，判斷基準也會慢慢改變，在別人看來也許會有些不合理。

不論是在超市選購美乃滋，還是企業投資大型設備時的判斷，基本原理都一樣。

都是以某個「基準」來比較訊息，最後做出不後悔的決定。

判斷的「基準」為何？

試想一下你在超市選購美乃滋時的情況。

如果判斷基準是裡面是否有添加你不希望添加的成分，那你就會看包裝上的成分表；也許你不在意成分，只想要購買小包分裝的美乃滋；你判斷的基準也可能是哪一個便宜就買哪個。

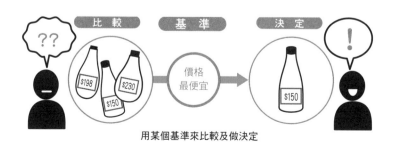

用某個基準來比較及做決定

當企業的經營者要決定工廠建設時，會思考預定製造的工業零件在市場上的發展性，但是通常還會參雜其他的意圖。一般都是跟某些東西做比較，參考某些指標後，才會下最後的決定。

正因如此，每個人在做決定時，為了取得判斷的線索，都會不斷找尋新的資訊訊息。有時候尋找訊息是為了證明自己的決定是正確的。但諷刺的是，目前已經是一個資訊爆炸的時代。

你不斷被一波一波襲來的資訊浪潮翻弄得昏頭轉向。我們明明需要大量的資訊，但是實際上卻無法充分利用，因為來不及整理這些資訊。

我們沒辦法以理想的形式管理所需資訊，在需要的時候也沒辦法立刻找出來。

如此一來，連「判斷」都辦不到。

訊息過多，陷入無法判斷的狀態

▍製作不需猶豫的「圖」

那麼，在這個時代中，什麼才是必要的技能？非要舉例的話，就是製作「容易判斷的圖解」的技能。

也就是以簡單易懂的方式，提出對方判斷時所需的基準。

「讓對方認真看待（資訊）」這個功能的意思是，你與對方的決策息息相關。因此，你設計的圖解可以影響對方決策或判斷。

因為率先印入對方眼簾的，一定是圖解。

對判斷沒有幫助的事物

能夠幫助對方判斷的素材，會是什麼樣的東西呢？

比方說，提出「比較素材」是說服他人時常用的套路。「B 比 A 便宜」、「D 的 CP 值比 C 更高喔」等，都能幫助判斷。

我們知道像這樣的比較資訊，會對對方的決定方向產生很大的影響力。但是，實際上你看到的資料與說明內容大多模稜兩可，對判斷沒有幫助。

比方說，就像以下內容：

- 太過複雜導致無法比較，無法當作指標活用
- 每一個都要研究，太麻煩了
- 指標太過誇大，扭曲原本的意思

如果不能讓人立刻理解意思，而且以簡單的比較形式呈現的話，比較資訊可以說幾乎沒有意義。

如果在對方理解前就先把比較資料丟出來，資料便毫無價值。

「你可以期待這樣的成果」，如果劈頭就把充滿難懂術語與數據的比較資料拿出來，大多數人都會是拒絕的態度。

或是當你拿到表示大量數據的附加資料，一定也是隨便翻過而已。實際上，大部分的人都不會去細看這樣的資料。

製作與自己相關的訊息

現在，請看下方的**圖 14**，一張很普通的營養成分表。當你在超市看到這些數字時，會對你的哪些判斷產生幫助？你想像得到這些數字對你的身體有什麼影響嗎？

14

營養成分標示（每 7.6g）

熱量	3.8kcal
蛋白質	0.5g
脂肪	1.7g
碳水化合物	5.2g
鈉	14mg

食鹽含量　　　0.04g

一般營養成分標示

大部分的人都不知道會有什麼影響，因為我們不知道判斷的基準是什麼。

一天應該攝取多少量？這個成分對身體好嗎？如果沒有這些基準，那些數字也就沒有任何意義。

這就是製作「容易判斷的圖解」技巧的出場時刻了。

下面的**圖 15** 是參考國外某個食品包裝袋上的營養成分，翻譯成中文後的樣子。

上面並不只是單純的數據，這個數據可以看出「對消費者的意義」。

也就是說，這個數據「與自己相關」。

比方說，這種標示對於注意碳水化合物攝取量的人來說，就很有幫助。

15	**本品每一分量的營養價值**				
	熱量 152KJ 362kcal	**脂質** 6.9g	**飽和脂肪** 3.1g	**碳水化合物** 4.6g	**食鹽** 1.55g
	18%	10%	16%	5%	26%
	以每日所需攝取量計算				

這是能夠理解數據代表意義的營養成分表範例，
可作為消費者選購時的依據。

當然，有些情況因為法律等相關規定，可能無法自由變更標記方式，但是你製作圖解時可以做這樣的修改，可能因此對對方的決定產生極大的影響力。

因為訊息「與自己相關」，所以更容易讓對方接受。

讓人產生不信任感的圖解

另一方面，我也看過錯誤使用「與自己相關」的效果，故意誘導他人的圖表。

請看下面的**圖 16**。

只有最右邊的圖表數據級距不同（A、B 公司的級距是 50，C 公司卻只有 25）。

雖然故意用小的數據讓成果看起來很漂亮，可是你應該很快就發現這個陷阱了吧？

雖然圖解的數據並沒有灌水，但還是有被欺騙的感覺。

16

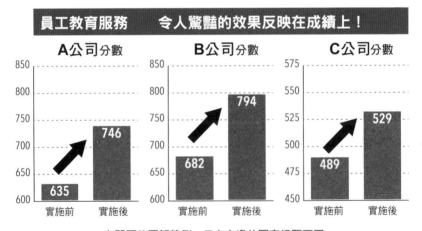

有問題的圖解範例。只有右邊的圖表級距不同

當對方發現圖解有問題，一定沒有人可以接受，而且還會導致對方的不信任感。

如果一個企業或組織公然拿出像這樣的圖，你會給予它什麼樣的評價？

要說服別人時，我想沒有人會對這樣的比較素材有異議。

但是，如果你提出的素材並不公平也不容易比較的話，那就沒有意義。

- 能直覺地比較必要項目
- 對判斷和決策有幫助

如果你提出這樣的資訊，就可以讓對方認真看待你的內容。

雖然我已經說了很多次，但是絕對不要忘記「人會最先看到視覺影像」。只要記住這點，「圖」就能成為你的關鍵鑰匙。

這是你左右對方判斷的重點。

圖解功能 4 總結

「讓對方認真看待的圖解」在這些情況下很有用

- 想要可以直覺地比較時
- 當事物的判斷基準不明確時
- 想要影響對方決策時

「讓對方認真看待的圖解」的製作技巧

- 放入讓對方認為「與自己相關」的訊息
- 不要故意扭曲數據
- 不要使用過多難懂的數據單位與專業術語

防止誤解與失敗

有時候當你在誠懇細心說明時，對方的反應卻出乎你的意料，於是你開始慌亂。其實這是常有的事。

「我不是說明得很清楚了嗎？而且都寫在紙上了……」

為什麼那麼簡單的事他們會聽不懂？完全沒在聽，也完全沒看資料。

當然你絕不會說出口，可是內心還是感到很挫折。你應該有過這種經驗吧？面對這樣的問題，是否有解決辦法呢？

首先，請思考一下問題的原因在哪。以下我列舉可能造成對方理解困難的幾個原因。

造成理解困難的原因

誤解	沒有發現自己理解錯誤。
遺漏	只理解一部分。
沒興趣	覺得麻煩，不想去理解。因為有厭惡感，所以選擇無視。
拖延	現在沒時間，希望你可以再等一下，或是敷衍對應。放著不管就會變成「沒興趣」。
混亂	覺得自己無法理解。被資訊淹沒，感到害怕焦慮。放著不管就會變成「拖延」、「沒興趣」。

遺憾的是，這些問題很難完全根除。這些問題關係到對方的個性與種種情況，讓我們束手無策的原因有很多。

但是，在你覺得「到頭來還是取決於對方」而放棄之前，有些方法還是值得一試。

這些問題有以下的解決對策：

- 先假設只說明一次是不夠的。
- 準備一些線索，讓對方可以再次確認。

「只說明一次」有時可能無法讓人正確理解

資訊的「說明者」與「接收者」之間最大的問題，就是資訊的理解程度不同。

說明概念的一方已經花了許多時間來理解這些資訊，甚至對這些資訊產生了感情。另一方面，接收資訊的人大多都是第一次看到、聽到這些訊息。

要意識到「雙方掌握的資訊量在一開始就有壓倒性的差距」。

只說明一次，大部分的人還是沒辦法理解，就算忘記也是很正常的事。以這個當作前提，把「第一次聽到是無法完全理解的」當成是進階的學習機會，思考一些方法，讓對方就算忘記了也還是可以回想起來。

準備一些線索，讓對方可以再次確認

「有點想不起來這是什麼意思」，如果對方忘記某些內容與重

點，你可以在資料與文章中幫助對方回想。

這種情況下，重點就在於能不能讓對方快速找到提示。如果有某些「記憶的線索」，就可以更容易找到。

你可以先把文字、插圖、圖解、照片等各式各樣的元素穿插在其中，如此一來，抽象的文字記憶就會與具體的視覺影像連結，而讓人更容易回想起內容。

圖解等視覺影像可以幫助對方回想資訊的內容。

接下來，我想針對實際操作時需要注意的事項與解決對策來說明。我先介紹三個可以立即使用的技巧。

防止誤解與失敗的技巧

1　拋棄「重點＝紅字」的想法
2　提醒自己「實例要舉兩個」
3　重複傳達同樣的重點

1　拋棄「重點＝紅字」的想法
　　想在資料或文件上標記重點部分時，你會怎麼做？
　　常聽到的說法是「字體顏色改成紅色會更醒目」。
　　從今天開始，你該丟掉這個想法了。

因為，重點用紅字標記，反而會變得難以閱讀。

起因是「亮度」的關係。亮度是色彩學中判定顏色明亮度的標準，越亮的顏色肉眼看起來就會越「淡」。
　　白色的亮度最高，黑色最低。數據顯示，紅色也比黑色的亮度

更高，也就是說，肉眼看起來會很淡、很不顯眼。

用黑白影印文件來看就很清楚。紅色的部分應該會比較不明顯。

我們知道每個人對色彩的看法都不一樣。有一項資料顯示，男性中約有 5% 的人對色彩認知的範圍十分狹窄，也就是二十個人中就有一個人有這種傾向。比方說，因為紅色與綠色看起來一樣，因此比起色彩，他們更能掌握亮度。在這種情況下，紅字就沒有意義。

<u>不要強調重點，因為看起來會很不顯眼。</u>

這樣就與原本的目的背道而馳。

再者，有時候我們會把彩色原稿拿去黑白複印。發給別人的文件與資料不一定會印成彩色的，以顏色強調的部分經過黑白複印後，就會變得不顯眼。

如果像這樣不斷增加漏看資訊的機會，那一切努力就會化為泡影。

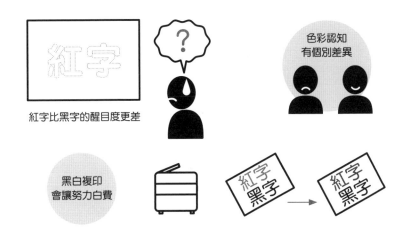

紅字比黑字的醒目度更差

色彩認知有個別差異

黑白複印會讓努力白費

雖然說色彩在設計上能發揮很大的效果，但如果是為了使重點更醒目，那就不可過於依賴紅字，因為可能會造成反效果。那麼，有沒有其他強調重點的方法呢？

其實有個簡單的解決辦法。

不要用紅字。

也許有些人會想：這樣不就沒有強調文字的效果嗎？

請放心，你只要想成是製作黑白原稿就可以了。強調文字的方法有很多，就像以下方法。

不用色彩強調文字的方法

這些都是不用依賴顏色就能確實發揮效果的方法。建議你可以同時搭配多種方法，這樣效果會更好。

本書中也有使用這些技巧，敏銳的人應該已經發現了。

本書要強調文章中的某部分時，會使用底線與粗體字，而且還會改變字體。

當你製作的資料是像書籍般以長篇文章構成時，使用「框字」與「放大字體」會讓其他部分變得難以閱讀，而且底線與粗體字對文章的影響較小。

希望你可以觀察整體資料，活用適合資料與文書特性的技巧。

2　提醒自己「實例要舉 2 個」

當你舉出實際的例子時，不論是資訊的說明者或是接收者，都會感到更容易理解。我想你也有實際的體會。

但是，選擇實例時有些事項需注意，特別是一些訣竅、對應方法、教育等以「教學」為主的領域，你選擇的實例將會大幅影響對方的理解度。所以，我們應該從什麼角度選擇實例呢？

其實，具體實例有兩種。
比方說「正確的使用範例」與「錯誤示範」。
也有「好的例子」與「不好的例子」。
這些都可以傳達出「這是正確的方法」與「這些是錯誤的例子」。你通常都是用哪一種範例呢？

希望你可以盡量使用兩種範例。

舉出相反的兩個例子，可以讓資訊更加明瞭。

同時傳達這些例子錯在哪裡與好在哪裡，可以讓對方更容易理解。

下面的**圖 17**有兩個實例。因為資訊有重複的部分，乍看之下可能會以為沒有意義，但並不是這樣的。

像這樣列舉出兩個例子，可讓對方在理解資訊上更上一層樓。

17

正確範例　　　　　　　錯誤範例

90度

以**90度**角插入針頭　　　插入時**不可以讓針頭傾斜**

傾斜

明確的差異可以讓人更容易理解。

另外，分別表示「失敗範例」與「改善範例」也是一個好方法。

舉出對比的例子可以方便比較，因此很好理解。具體表示出兩個例子的差別，也可以有效率地提升理解度。

請參考第四章介紹的圖解「失敗範例」與「改善範例」。

3　重複傳達同樣的重點

改變方法，改變角度，重複傳達相同重點，這點十分重要。

改變總結、圖表、插圖與文章等形式，利用各式各樣的方法，重複表示重要的訊息。

因為這麼做可以幫助對方「確實」、「正確無誤」地記憶。

可以說，繞遠路其實才是最快的捷徑。

站在已經完全理解內容的作者角度，也許會質疑這樣的做法。

但是，重複傳達資訊真的比較好。

因為不論何時，接收資訊者的理解度都沒有說明者想像得高。特別是為了消除「誤解」與「漏看」等原因，一再表示重點是很重要的。

就像我之前所說，重複提醒可以幫助對方喚醒暫時遺忘的記憶。

使用各式各樣的方法傳達相通的資訊，可以讓對方把資訊牢記腦中。

你發現了嗎？本書中也多次重複表示重要的事項。利用文章、標題、圖解與總結，以各種形式一再提示相同資訊。

要讓對方對你的資訊留下印象，一再傳達相同事項是很重要的

如果你藉由這本書實際感受到這個方法很有效，請務必活用這個技巧。

圖解功能 5 總結

「防止誤解與失敗的技巧」在這些情況下很有用

- 可能產生的誤解與失敗可以防範未然
- 防止因黑白複印導致強調的部分沒辦法被看見
- 可以喚醒已忘卻的記憶

「防止誤解與失敗」的技巧

- 拋棄「重點＝紅字」的想法
- 提醒自己「實例要舉兩個」
- 重複傳達同樣的重點

[製圖]
征服主題、呈現方法、成品 3 座高山

1

製圖需征服的 3 座山

征服主題、呈現方法及成品 3 座山

不論是大規模的圖還是一般的小圖，製圖時都有三座必須跨越的高山。在這一章我想談一下這三座高山。

就是「主題」、「呈現方法」與「成品」這三座山。

把它們稱作「山」是有原因的。如果沒有準備，漫無目的地前進，就無法到達目的地，而且還會感到迷惘與困惑。

之前在第一章介紹過，製圖的基本方向是 DTM。你可以馬上回想起是 Discovery（發現）、Transforming（改變）、Making（製作）這一套流程嗎？

對自己的記憶力沒有把握的人，可以先翻回第 36 頁解說 DTM 的地方，再重新看一遍。

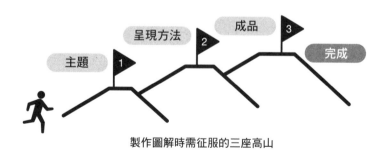

製作圖解時需征服的三座高山

想要征服「主題」、「呈現方法」、「成品」這三座山，一定要活用 DTM 聯想法。在第三章會指引各階段應該前進的方向。

這是當你迷失在名為「製圖」的高山中時，可以像指南針一樣幫助你的方法。不論在高聳的深山或是矮小的丘陵都適用。

在第三章中，我會實際應用之前提過的內容，並且把實際製作圖解的方法，依「主題、呈現方式、成品」的順序一一介紹。

流程就如下圖所示，請務必參考。

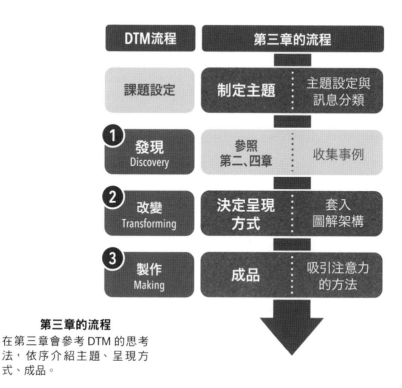

第三章的流程

在第三章會參考 DTM 的思考法，依序介紹主題、呈現方式、成品。

決定主題

─同時進行主題設定與訊息分類─

▌「分類」會改變對方的行動

你很擅長細瑣的分類整理嗎？還是一直感到很困難呢？

從辦公桌、電腦到自己腦中，分類整理的領域十分廣泛。可能有許多人很憧憬東西不多、所有事情都處理得乾乾淨淨、井然有序的感覺，但這卻是遙遠的理想，現實生活中總是亂成一團。

我突然提到收納整理的話題，是因為就像文章的標題一樣，「分類」就代表主題。「分類」就是從眾多項目中找出某些共同點與基準，把類似的東西歸為同一類的工作，也就是在收納整理時，不知不覺會做的事。

但是不擅長整理的人也不用擔心，我不會突然要你徹底把辦公桌整理好，只是稍微借用整理收納的方法而已。

就算不擅長整理，還是可以製作圖解。

雖然有些唐突，不過希望你可以回想柳丁切半後的斷面。你下刀的方向不同，斷面的圖案也會不一樣。切成上下兩半或是左右兩半，會呈現出不一樣的「圖」。

明明成分與風味都一樣，切的方向與吃法不同，會產生些微的影響。用不對的切法還會難以入口。

換句話說，分類資訊的行為也會產生跟柳丁一樣的結果。

資訊的分類方式會決定呈現出來的訊息。

而且也會影響到對方的行動。就像某些切法可以讓柳丁變得好入口，也有某些處理方式可以讓資訊變得更好懂。

接下來，要讓你想像一下有點抽象的概念。
你現在要把「數字」分成兩組，你會怎麼分呢？
比方說，可以分成奇數與偶數，也有人會分成質數與非質數。

當你要把數字分成兩組時……

由此可知，分類的基準不同，也會對同類別中的元素產生很大的差異。這就是「分類」的奧妙。就算是一樣的資訊，分類方法不同，傳達出來的訊息也會跟著改變，或是說，也能藉由分類方式改變訊息。

重要的是，你要找出一個最適合的分類方法，來傳達資訊。

最終成果可以左右對方的理解與行動。

▎沒有整理的「訊息」不能算是「訊息」

如果沒有分類會發生什麼事呢？這些「訊息」對接收資訊的人來說，只會是無意義的「大量文字」與「記號」而已。

沒有經過整理的訊息不會產生任何價值。

舉例來說，如果英文字典裡的單字排序沒有規則可循，是不是會變得完全沒有用處？一本字典從第一頁到最後一頁都按照英文字母井然有序地排好，這樣才能達到字典的功用。

如果你希望資訊有意義，或是想要傳達某些訊息，就必須用某種方法來整理、分類資訊。再者，如果你希望影響對方的行動，就必須傳達出資訊的核心，也就是「主題」。

分類不適當會削弱主題

那麼，標題所寫的「同時進行主題設定與訊息分類」是什麼意思呢？

你可能會想：「一旦決定好主題，不就能適當地分類訊息嗎？」這是在你思考的出發點是「主題」的前提下，才能如此。但是如果今天是要製圖的話，訂定具體的主題時，就應該與資訊分類同時進行。

因為你在「分類訊息」的過程中，之前完全沒有注意到的主題便會慢慢浮現出來，而且會對「主題設定」產生很大的影響。

圖解中「主題」與「分類」的關係，就像是織品般縱橫交錯，息息相關。

在接下來的例子中，你應該更能體會這是什麼意思。

美國加州大學的圖書館訊息學研究家 Geoffrey C. Bowker 與 Susan Leigh Star 的共同著作《Sorting Things Out》中，有以下內容：

（前略）十九世紀當時，並沒有「虐待兒童」這個詞。
這是二十世紀後才被創造出來的字。也就是說在二十世紀前，

連虐待兒童這個概念本身都不存在，因此就算發生這種事件，也不會被認為是虐待兒童，而會把它分類在別的概念中。一旦出現「虐待兒童」這個分類，歷史考證便開始了，導致人類虐待兒童的機制和原因變得眾所皆知。

在分類資訊的過程中，潛在著新概念誕生的可能性。分類檔案時，可能會發現可以另外劃分新類別的元素，或者是找到新的共通點而組成另一個類別。

那也許會是一個你從來沒有想過的範疇，也可能連現代社會都還沒有人發現，其中也許蘊含著能拯救他人的關鍵，或是可能帶給社會新的影響力。

分類訊息的過程中，潛在著新概念誕生的可能性

什麼時候分類比較好？

圖解追求的是，從同一組資料當中抽出「主題」，並用簡單易懂的形式表現，為此我們需要把訊息分成需要優先處理的部分與其他部分。但是，如果你在設定主題的階段就已無暇顧及其他事物，那麼對方仍舊會遺漏某些重大資訊。

比方說，就像下面的例子。

請看下面的**圖 18**。

它是一個簡單解說「故鄉納稅制度」的圖解。

這是常常會看到的圖解類型，但是不知為何，看的時候無法很直覺地理解。

其實這個圖解對觀看的人來說，遺漏了一個很重要的方向。

你知道是什麼嗎？如果你要修改這張圖，會從哪裡著手？

| 18 | 故 鄉 納 稅 制 度 |

故鄉
納稅者

1. 故鄉納稅 →

← 2. 回饋禮品

自治團體等

3. 確定申報
4. 扣除所得稅

6. 減免住民稅

（實際上不是納稅而是捐款）

稅務署

5. 訊息共享 →

所在地自治團體

「故鄉納稅制度」的圖解

不知為何很難直覺理解的圖解範例。必須一個一個沿
著線條了解細節。

同時進行主題設定與分類

　　首先你先試想，這個圖解資訊原本是以哪些元素所組成的呢？全部拆解出來，會發現元素出乎意料地多。

　　「故鄉納稅者」、「扣除所得稅」與「捐款」等元素。

　　我們要重新組合這些元素，製作成清楚傳達「主題」的圖解。**這時候，最重要的是同時進行「主體設定」與「訊息分類」。**

　　當你只進行主題設定時，很容易犯一個錯誤，那就是「只說自己想講的話」。

　　另一方面，如果只專注在分類訊息上，可能會「沒傳達到最重要的部分」。

　　最後，你的分類若沒有明顯強調「主題」也沒有意義。最後才放上主題的話，很容易會偏離你想傳達的訊息重點。

　　也許你聽到要「同時」進行，便覺得很困難，但是只要一步一步慢慢調整，就能做到。

只要分成 3 類就能「傳達訊息」

　　那麼，現在來試著分類訊息吧。把剛才拆解的散亂元素重新分類。分類的方式有千百種，但是我通常都會分成三類：

「立場」、「運作內容」與「時間軸」。

　　有這三種分類，就可以歸類大部分的訊息。比方說，「回饋禮品」就是「運作內容」的一種，「稅務署」則是「立場」。雖然會剩下一些無法歸類的元素，那之後再來處理就可以了，最重要的是先把焦點放在最後的主題上。

歸納成元素分類一覽表，就會變成以下形式（**圖 19**）。

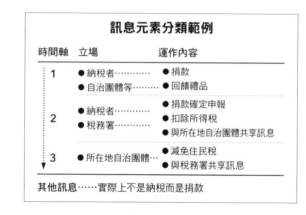

訊息元素的分類範例

像這樣把所有元素分類，就會得到連結訊息主題的「**圖解骨架**」。

與圖表對照後，會發現第 92 頁**圖 18** 的「時間軸」很不清楚，只有在箭頭旁標示小小的數字而已，這點也是讓圖解看起來很瑣碎的原因之一。需要照著順序東看西看，讓人眼花撩亂，無法正確掌握整體方向，看起來就會很繁雜。

也就是說，因為沒有事先掌握好**圖 18** 的「時間軸」方向，所以在圖解上沒有顯示，而且看起來是最後才匆忙標上表示順序的數字，所以效果出不來。

我在第二章中也有提過，對於不了解運作方式的人來說，一眼就能看出「整體的流程」很重要，而且也有助於消除不安。

另一方面，修改後的**圖 20** 在開頭就先把訊息分成大項，並且是配合「立場、運作方式、時間」這三個元素設計，因此不會產生混

亂。以觀看者的角度設計一條粗體的時間軸，可以幫助觀看者了解運作的順序。

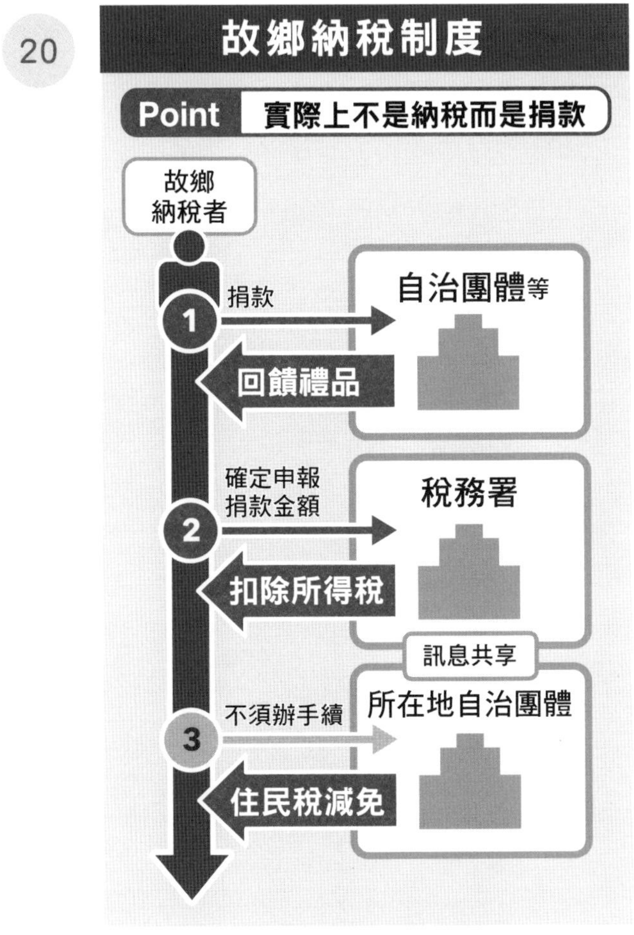

20

故鄉納稅制度

Point 實際上不是納稅而是捐款

故鄉納稅者

① 捐款 → 自治團體等

回饋禮品

② 確定申報捐款金額 → 稅務署

扣除所得稅

訊息共享

③ 不須辦手續 → 所在地自治團體

住民稅減免

「故鄉納稅制度」的圖解改良版
第 92 頁**圖 18** 的「故鄉納稅制度」的改良版圖解。時間軸很清楚，也能清楚看出整體的流程。

進行主題設定

接下來我們要同時設定主題。如果這張圖是要給不了解「故鄉納稅制度」的一般民眾看，那就把重點聚焦在他們最關心的事情上就好。

比方說，可以列舉「納稅的好處」。這種情況下，也可以把主題訂為「故鄉納稅的優點」。

但是，這項設定會依情況而發生變動，唯一且絕對的主題是不存在的。

重點是，主題要從「你最想傳達的事情」中挑選。

如果你現在要傳達的是「故鄉納稅的注意事項」，那就需要思考不同的方法。

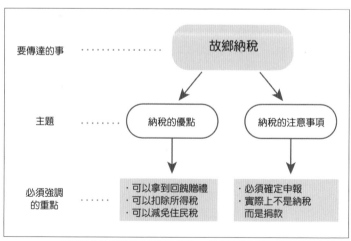

就算製作的都是「故鄉納稅制度」，但是根據主題不同，
強調的重點也會不同

再一次回到訊息分類

先假設我們要以「故鄉納稅的優點」為主題來進行。

因為已經想好主題，所以要再次檢討「分類」。

若要強調「故鄉納稅的優點」這一主題，要怎麼分類訊息比較恰當呢？

現在先從第 92 頁的**圖 18** 中找出「優點」。你可以提出「回饋禮品、扣除所得稅、減免住民稅」這幾點好處。

這些優點剛好與分類在「立場」的各組織（自治團體等、稅務署、所在地自治團體）承辦的運作內容一致。強調這點，應該就能更清楚的傳達主題。

所以我把重點對象的字體放大，並把大箭頭上色。這就是**圖 20**（第 95 頁）的重點。

修改工作其實就只有這樣，是每個人都想得到的平凡設計手法。

配置元素的方法

不過，這裡還有一點需要特別注意，那就是圖解中元素配置的方法與形式。

圖 20（第 95 頁）中只有「運作內容」用橫向的粗體箭頭。而且納稅者必須「自行處理的工作」是用細的箭頭，「得到的好處」則用粗箭頭表示，並且都重複用一樣的方式。

這是為了把「運作內容」的分類項目與其他項目做區別而使用的技巧。

像這樣「把同一個分類項目以統一形式呈現」，就是讓圖解更好懂的技巧。

「立場」這個分類項目也是用相同的思考方式呈現。除了最左邊的「故鄉納稅者」的符號不同外,其他「自治團體等、稅務署、所在地自治團體」都是放在同樣的框框內。這是為了讓人可以自然把這三者分類在同一個群組中,所以使用相同的形狀來表示。

支持主題的東西

如果不確實分類散亂的資訊,很有可能會無法正確掌握主題。如果對方沒有從圖解中接收到必要的資訊,就會一直處在「搞不懂」的狀態中。

資訊的「主題」是經過「強調的訊息」與「低調的訊息」對比後浮現出來的。

主題通常都是奠基在其他資訊上。不是只要訂好主題就夠了,還要同時分類,才會讓圖解的形狀慢慢變得清楚。希望你可以記住,圖解的程序是由主題與分類一起建構而成。

同時進行主題制定與訊息分類,可以建構出效果顯著的圖解

訊息的分類方法只有 5 種

在某些情況下,分類訊息會讓你感到困難。其實有方法可以減輕你的負擔。

美國資訊設計專家理查・伍爾曼（Richard Saul Wurman）的著作《選擇資訊的時代》（暫譯）中，簡潔扼要地提到資訊分類的方法。他說資訊分類的方式只有以下五種：

❶ 類別
❷ 時間
❸ 位置
❹ 按字母順（或筆劃多寡順序）
❺ 連續的數字

①類別
依「類別」劃分，比方說，商品或服務可以依品項或標準化分類。可用於並列重要性相同的東西。

②時間
與一定時間或期間相關的資訊，依「時間軸」劃分。比方說，博物館按照年代陳列物品，及電視廣播節目表的表示方式，都是典型的例子。

③位置
按「位置、區域」劃分。標示人體的部位、地理中劃分區域的方式等。可用於以位置為基準點比較時，或是在地圖上表示數據。

④按字母順序（或筆劃多寡順序）
「按字母順序或筆劃多寡排列」是分類大量訊息時的好方法，可用於字典、電話簿、書籍末頁的索引目錄等。

⑤連續的數字
從大到小、價格高到低、重要性大到小等，分類「量與數據」時使用的方法。可以用數字做比較。

創造新價值

　　雖然在分類事物時必須有某個基準，但是也可以從伍爾曼提出的五種方法中選擇一種。

　　當你不知道怎麼分類時，可以試著套用這五個項目，思考最適合的方法。

　　伍爾曼曾說：「呈現出不一樣的分類方法，便是創造新價值的第一步。」

　　他舉出以下的例子說明。
　　假設現在有 200 隻狗的玩偶。你現在要把這些玩偶擺在跟體育館一樣大的地方。你除了可以按品種分，其他還有什麼分類方法？

　　照大小分、以毛的長度為基準區分、按價格分、以受歡迎度區分……

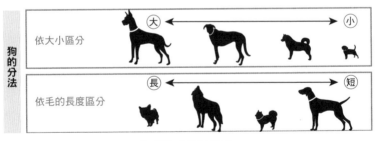

有哪些分類法呢？

按照不同的方式區分，對方感受到的價值也會不一樣。你可以藉著改變分類方式，達到推翻價值基準的可能性。

這可以應用在各種資訊中。你能夠把這種方法套用在生活中嗎？不管在什麼情況下，分類方式都不會只有一種。

在你嘗試各式各樣的方法時，也許可以不經意地找出突顯訊息主題的分類方式。

這就是前述的「在訊息分類的過程中，蘊含著新概念誕生的可能性」。

為了提供「有意義的訊息」

在思考資訊的分類方式時，你必須注意一件事。

你的分類方式或許對對方來說沒有任何意義與價值。

如果資訊量很大的話，你需要花很多工夫做分類。

但是如果這個分類方式對對方來說沒有幫助的話，你可能必須重新分類，之前的力氣都白費了。進行分類時還必須承擔這種風險，就太令人鬱悶了。那麼，該怎麼做比較好呢？

這種時候，有一個可以消除不安的方法。那就是一個名為「卡片分類法」（card sorting）的實驗。卡片分類法的目的在於，可以事先掌握對方面對複雜資訊時的看法。

方法如下：

卡片分類法的順序

1. 把想要分類的資訊寫在卡片或便條紙上。
2. 把這些資訊卡片隨意擺放。
3. 找來這些資訊的使用者參加測驗，請他們依直覺自由分類。不要設條件，也不要限制分類的數量。
4. 統計分類結果資料，分析使用者的分類基準傾向。

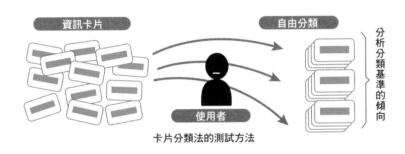

卡片分類法的測試方法

用這種方式可以讓使用者盡情用自己喜歡的方法分類，因此可以得知他們對資訊理解的線索。

如果測試結果可以找出特定的傾向，那麼這個分類方式很可能對其他人來說也很好理解。

也就是說，從分析結果可以得知實際資訊分類的提示關鍵。

雖然卡片分類法大多用在架構網站或是整理大量資訊上，但是在製作圖解時，也可以藉由這個方法，從眾多資訊中找出最適合的分類方式。

STEP 1 總結

對資訊分類有很大影響力

- 資訊的分類方法可以影響對方的行動
- 分類資訊的過程中可能會產生新的概念
- 改變分類方法，會成為創造新價值的契機

分類資訊的方法

- 同時進行主題設定與訊息分類
- 參考五個資訊分類方法
- 對分類感到迷惘時可以嘗試卡片分類法

STEP 2　決定呈現的方法

— 帶入圖解基本架構 —

如何克服「發現階段」與「改變階段」

　　同時檢討主題設定與訊息分類，並決定圖解的中心部分，這個方法已經在前一步驟介紹過了，以此為基礎來進行下一個步驟吧！

　　新的目標是「<u>決定呈現方法</u>」。

　　按照 DTM 的思考順序，現在要進入「Discovery」（發現）與「Transforming」（改變）的步驟。

　　「Discovery」（發現）步驟是根據主題找出參考範例。你的好奇心與求知慾很重要。

　　觀察這些資料的優點，找出應該排除的部分，再前往下一個步驟。

　　就如同之前提過的，你設定的主題會大大影響你應該收集的資料。但是不必擔心。你手上已經握有跨越這道難關的鑰匙。再複習一次第二章的「圖解的五個功能」（第 44 頁開始）吧！

　　然後繼續跟著第三章，並參考第四章的範例集（第 152 頁開始）。只要這麼做，就會對資料收集有很大的幫助。希望你可以仔細找出符合主題的範例。

　　在「Discovery」（發現）步驟之後的是「Transforming」（改變）這時候要把想傳達的資訊套用在「框架」中。

　　要注意的是，不要選到不適合的框架，也不要使用品質不好的框架。

　　就好像你如果不小心用到有瑕疵的模具的話，不管你如何嚴選素材，都無法烘烤出完美的麵包。

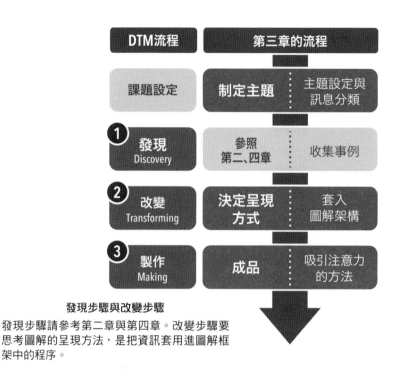

發現步驟與改變步驟

發現步驟請參考第二章與第四章。改變步驟要
思考圖解的呈現方法，是把資訊套用進圖解框
架中的程序。

希望你可以用心挑選出最適合的框架。

只要一點基本概念，呈現就能一目了然

那麼，具體來說，該如何「選出最適合的框架」呢？在這裡我
針對兩個使用頻率最高的主題來說明，也就是以下兩個：

決定呈現方法的必備基礎概念

- 照片與插圖的不同
- 選擇正確圖表的方法

照片與插圖的不同

區分照片與插圖的使用場合

比方說，當你面臨「這裡該使用照片還是插圖」的問題時，能做出正確的選擇嗎？

如果部下問：「這裡要用折線圖還是長條圖效果比較好？」你有辦法回答他嗎？

不論是照片、插圖還是圖表，使用的機會都非常多，於是「呈現方法」就變成很重要的關鍵。如果能夠好好掌握的話，將來應該會成為資料製作時的助力。

照片與插圖的差異

雖然目前為止我還沒有提到照片，但是圖解很常用到照片，照片本身也能達到與圖解一樣的功能。你是不是很疑惑該在何時、如何使用照片呢？

你是怎麼決定要用照片還是插圖呢？也許很少人會真正比較各自的功能後再做決定。

事實上，照片與插圖的用途有非常明顯的不同，如果弄清楚它們的差別，就能有效率地提升對方的理解度。

照片與插圖的不同，簡單來說就如下所示。

照　片	插　圖
真實性很重要。當你想傳達某種氛圍或詳細資訊時，就可以派上用場	只表示重點部分。當你只想要傳達必要的資訊時，就可以派上用場。

要用照片還是插圖？

說明何謂「正月料理」的時候

　　比方說，想要具體地跟外國人說明什麼是「正月料理」時，照片就可以幫上忙。當你想要說明各項食材時，只要在照片中牽一條線出來，就能簡單運用。

　　照片在「想要呈現實際的感覺」時很適合，能排除曖昧不明的部分，傳達出最真實的樣貌。

　　相反的，如果你用簡單的線條畫出正月料理的插圖，便很難讓人直覺的感受到料理的美味與繽紛的感覺。

照片可以直接傳達真實的色彩與樣貌

說明「注射器使用方法」的時候

那麼，如果是注射針筒的說明書，要用照片還是插圖？

答案是，插圖比較好。

拿著針筒的護理師所穿的衣服、戴的手錶與戒指、皮膚的顏色等，對注射針筒的說明書來說都是不需要的訊息，患者的性別與年齡也不重要，但是如果採用了照片，就會接收到這些資訊。

使用插圖可以先幫你消除這些不需要的訊息。

插圖可以只畫出必要的資訊，可以幫助對方專注在「注射針筒的使用方法」上面。

插圖可以消除不需要的訊息

不必要的訊息產生的「負面影響」

非必要訊息對接收資訊者的影響出乎意料地大。

當你用年長者的照片時，消費者可能會想：「這個產品是年長者專用的嗎？」使用男性的圖片時，消費者可能會想：「是不是有女性專用的產品呢？」。

也許你會不以為然，但是千萬不要去賭這樣的可能性。

之所以會引起誤會與混亂，時常都是因為「**資訊製造者與接收者對知識與常識的認知不同**」。

在接收者接觸一則新資訊時，一定有許多疑惑。

比方說，你應該也有無法完全理解說明書內容的經驗。

其實很多資訊接受者會感到困惑的地方，是資訊製造者從沒想過的。

這些都有可能是引起意想不到的問題、突發狀況與延遲的原因。

就算可以當面回答問題，也不一定能夠完全解答對方的疑問。

就跟兒童的學力有很大差異一樣，就算以同樣的資料做相同的說明，每個人的理解度也會參差不齊。

所以你必須假設對方是「在不完全理解的狀態下接收資訊」。

應該選照片還是插圖？

為了預防誤解與混亂，圖的事前檢查很重要。

但是也可以像前面的例子般從頭來過，把照片換成插圖，或把插圖換成照片，就能避免複雜的情況。這之間效果的差異很值得仔細思考。

使用照片或插圖的基準是……

× 依自己喜好或隨意用手邊有的素材

○ 依使用目的選擇

應該依使用目的選擇使用照片或插圖

　想要傳達的資訊是需要照片還是插圖的特性呢？在你製作圖解之前先深呼吸一下，仔細思考這件事。

　不可以因喜好或隨機決定用照片或插圖，一定要依目的區分用途。

　請記住，這樣做可以讓對方更安心。

傳達訊息的圖表最重要的「功能」與「目的」

你的圖表「可以傳達訊息」嗎？

製作資料時很常會用到圖表。

用圖表製作軟體就能輕鬆完成，資料只要放上圖表就會覺得很有成就感，而且看起來好像很專業。

因為這些理由，許多人積極在資料中放上圖表。不只是自己製作的資料，日常中接收到的資料也能看見各種繽紛的圖表。圖表可以說是我們最親近的圖解。

但是，你有正確使用圖表嗎？

在此我舉出以下五種特別常用的圖表，個別探討它們的正確用途。

本書列舉的5種圖表
- 圓餅圖
- 百分比長條圖
- 折線圖
- 長條圖
- 數據一覽表

每種圖表的「功能」

你最常用哪一種圖表呢？比起用同一種圖表，使用多種圖表應

該更能夠因應各種目的需求。

那麼，要在什麼時候、什麼地方用圖表呢？

因為每一種圖表都有各自的功能，所以依目的選擇適合的圖表很重要。

那麼，關於每一種圖表的用法，你能夠抬頭挺胸說出「我知道」嗎？

如果你心想：「當然知道啊！」那麼請牛刀小試一下，拿出紙和筆，寫上前一頁列舉出的五個圖表的用途。這些圖表可以傳達什麼樣的資訊呢？

5 種圖表的用途是……？

① 圓餅圖 →	
② 百分比長條圖→	
③ 折線圖 →	
④ 長條圖 →	
⑤ 數據一覽表 →	

試著用一句話總結每種圖表的用途。寫得出來嗎？

第 114 頁之後會有答案與解說。

了解圖表的功能　　　　依目的選擇適合的圖表

每一種圖表有各自的功能，配合目的選擇圖表很重要

就算對使用圖表沒自信也無妨

我想，還是會有人對於圖表的使用方法沒有自信。

但是不用擔心，因為有大半的人完全不了解自己使用的圖表。

瀏覽一些公開發表的資料就能發現，那些被稱為菁英的人，反而容易犯一些簡單的錯誤，因為他們從來沒有機會學習圖解的用途與使用方法，應該說，根本沒有人教這些。

「製作資料的人真正想傳達的事，未必能夠正確傳達」，像這樣的資料，在我們週遭隨處可見。

有機會在簡報或要發布的資料中使用圖表的人，請務必記住這裡要介紹的圖表基本概念。

知識可以解決問題

「圖表？這種基礎的東西，不用教我也會。」

對於圖表的使用方式，可能有人會這麼想，但是這些人只是執著於自己的方法，完全沒有考慮到接收資訊的一方會有多困擾。你可能也是被犧牲的其中一人。

「站在觀看者的角度思考的話，自然能得出答案」這是在睜眼說瞎話。這種事情想破頭也不會有答案。

如果沒辦法傳達資訊，就需要「傳達資訊的知識」。

現在我來說明這五個代表性的圖表特徵。

①圓餅圖
—只用於傳達「占全體的比例」—

▌最難傳達資訊的圖表

雖然我們很常看到也常使用圓餅圖，但是它常常會辜負製作者的期待，是最難傳達資訊主題的圖表。

這是因為如果使用方法不正確，便會失去圓餅圖原本的效果，而且它是最常被搞錯用途的圖表。

很多人會為了把圓中的「某個比例與其他比例」做比較而選用圓餅圖，但是這是錯誤的用法。那麼，最適當的用法是什麼呢？

圓餅圖只會用在主題是「所占比例」的時候。

這是使用圓餅圖的原則。圓餅圖可以傳達的是「某個東西在全體之中占了多少比例」，而不是用來比較某個比例與其他比例的大小。這是有原因的。

▌圓餅圖難以傳達訊息的原因

圓餅圖的形狀讓人很難比較各個區塊間的大小差異。

你必須掌握好幾個扇形的面積，可是比較不同扇形的面積或弧長是非常困難的工作。

請看下一頁的**圖 21**。看一下 A 與 C 的大小差異，你覺得 A 是 C 的幾倍大呢？

如果回答不出來，這完全不能怪你，只能怪圖表不對（順帶一提，正確答案是，剛好五倍）。

如果目的是為了「比較比例的差異」，採用圓餅圖的效果也不大。

那麼，請再挑戰一個類似的問題。

圖 21 的 B 比 A 的一半大還是小呢？

這應該很難回答了吧。答案是「大」。

B 是 28.5%，A 是 55%。順便一提，A 是 D 的十倍（D 是 5.5%）。這些資訊你絕對看不出來。這對於只能傳達大略數據的圖表來說，有意義嗎？

那麼，現在我們來改變一下方向。

從**圖 21** 的整體來看 A 的比例。如果只是要你回答 A 的比例，應該很容易想像得到吧！

你立刻就可以知道 A 的比例超過全體的一半。前面已經提過，A 的占比是 55%。

為什麼立刻就能知道呢？答案很簡單。

因為你可以藉由對比時鐘的 12 點、3 點、6 點與 9 點的位置關係，感受實際的分量。

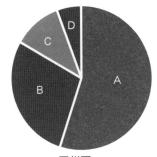

圓餅圖

雖然圓餅圖不適合用來比較部分之間的差異，但可以直覺感受到「某部分占全體的比例」。

〔圖表的比例〕A 55%、B 28.5%、C 11%、D 5.5%

我們在潛意識當中已經在計算數量了。

雖然圓餅圖不適合用來比較部分之間的差異，但可以直覺傳達「某部分占全體的比例」。

注意分割數量

最後想要提醒一下注意事項。

圓餅圖的分割數要盡量少。

有些專家會呼籲「分割數在 6 個以下」。
請看下面的**圖 22**。這是分成 9 個部分的圓餅圖範例。
可以看到，可互相比較的元素太多，以致於效果薄弱。

決定好想要傳達的主題後，就把注意力集中在這件事上就好。
讓對方去比較圓餅圖中的區塊是很難的。
另外，如果組成的元素項目太多，就把相似的項目合在一起，減少分割數。

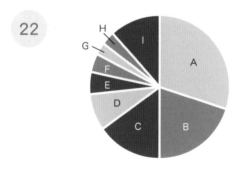

分割數過多的圓餅圖
圓餅圖不適合用來比較部分間的差異，如果切割太細，會看
不清楚整體的樣貌。可以把相似的元素合併，減少分割數。

②百分比長條圖
—只用於傳達「比例的不同」—

▌補足圓餅圖的功能

　　百分比長條圖是用在傳達「比例不同」的時候，它的功能剛好可以補足圓餅圖的缺點。

　　百分比長條圖是以分割直線的長條圖來表示比例，所以適合互相比較個別的量。

　　比起圓餅圖顯示出的二次元「大小」，一次元的「長短」比較容易比較。只要看哪一個部分比較長就可以了。

　　請看下面的**圖 23**。C 是 22%，D 是 20%。雖然只差了 2%，可是應該可以看出 C 比 D 大。

　　把**圖 23**與數據相同的圓餅圖（下一頁的**圖 24**）相比，會發現無法立刻看出 C 與 D 的差距。

23

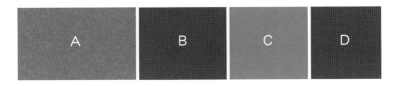

百分比長條圖

百分比長條圖的重點在「長度」，因此很容易比較各部分的
差異，但是卻不好掌握各部分占全體的比例。
〔圖表的比例〕A 33%、B 25%、C 22%、D 20%

百分比長條圖可以直立也可以橫放，也有可以調整整體長度的彈性，這也是其中一項優點。

另一方面，百分比長條圖很難傳達「占全體的比例」，必須多加注意。

百分比長條圖很難看出某部分占整體的 ⅓ 還是 ¼。請再看一次**圖 23**。

你可以看出 B 的比例嗎？

像這樣的資料，用圓餅圖來看就能立刻了解。

大概可以看出**圖 24** 的 B 是 25%。如果要比較「整體」與「部分」，請一定要使用圓餅圖。

但是在長條圖中，比較好掌握比例的只有長條圖的兩端（如果是橫型長條圖的話就是左右端，縱型長條圖則是上下部分）。以圖 23（前頁）來說，A 的比例應該比 B、C 好掌握。A 剛好是 ⅓ ，也就是 33%，你看出來了嗎？

就像這樣，百分比長條圖「把想強調的數據配置在末端，比較容易傳達資訊」。請一定要牢記這點。

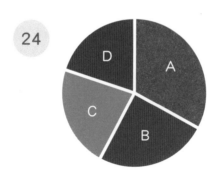

圓餅圖
圓餅圖比百分比長條圖更能掌握「占整體的比例」。
〔圖表的比例〕A 33%、B 25%、C 22%、D20%

使用百分比長條圖的技巧

百分比長條圖與圓餅圖一樣，都是表示比例的圖表，但是在某些情況下，百分比長條圖也可以當作「實際數據圖表」使用。

把百分比長條圖的整體長度整合實際數據，便可以比較數個百分比長條圖。

圖 25 是表示「兩個群體的人數與年齡比例」的圖表。既可以直覺式地傳達整體規模大小，同時還能表示出比例的多寡。在這個圖表中，還特別強調了「30 多歲」的具體人數。

在同時表示「實際數據」與「比例」兩種數據訊息時，這樣的表現方式便可清楚明瞭地傳達內容。希望你也可以嘗試這樣的方式。

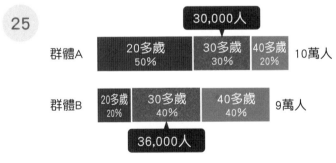

百分比長條圖的應用

百分比長條圖可以同時表示實際數據的比較與比例的差異。因為圖表中同時混合了「實際數據」與「比例」兩項訊息，還是需要特別注意。

③折線圖
—只用於傳達「時間軸的趨勢」—

折線圖的關鍵字是「時間軸」

折線圖只用於傳達「時間軸的趨勢」。

　這是唯一保險的用法。如果你要使用於其他目的，那務必要再三確認，是否能適當且正確地傳達訊息。

　雖然有些人會在傳達「最高值」、「最低值」或「數據差」時使用折線圖，但是這是錯誤的用法。

　要表示數據差異的話，原則上都是用長條圖表示。

　請比較下**圖 26** 與**圖 27**。這兩個都是為了表示各國的數據差異而製作的圖表，但是**圖 27** 可以更直覺理解。**圖 26** 無法讓人感到在做比較。

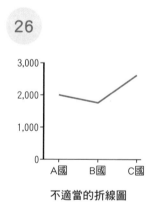

不適當的折線圖

不正確使用折線圖便很難傳達訊息。折線圖適合表示「時間軸的動向」。

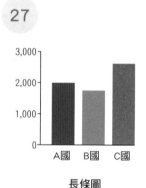

長條圖

圖 26 改善後的圖表。根據你的訊息內容，有時候長條圖比較容易傳達訊息。

傳達從某個時間點到下一個時間點，接著再到下一個時間點的「數據變化」，是使用折線圖的唯一目的。

折線圖的目的並不是要比較數據差異，而是在表現隨著時間推移的「連續性」趨勢時，可以發揮最好的效果。

重點是「連續性」。折線圖是可以確認動向、傾向與走向的圖表。

因此座標軸的基準點並不一定要是 0。上上下下的波動才是這個圖表要呈現的重點。

注意時間的走向

另一方面，要注意的是時間的走向。

也就是時間軸一定要等間距。

如果在同一個圖表中數據間距表示，有時候是一年，有時候是十年，這樣不規律的數據會讓對方無法掌握正確的動向。

請比較下一頁的**圖 28** 與**圖 29**。兩個都是以相同數據資料製作。

但是，**圖 29** 跟**圖 28** 相比時，**圖 29** 近幾年來業績好像有急速上升的趨勢，因為圖 29 在時間軸的單位間距上有動手腳。我想你可能也有發現。這種小動作很容易被人看穿，並且會失去信用。

不論單位是十年、一年，還是 0.01 秒，只要決定了就要維持一樣的數據。這樣才能保證「圖的正確性」。

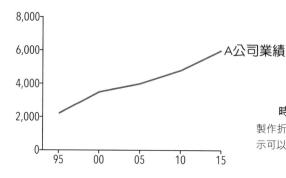

28

時間軸等間距的折線圖
製作折線圖時,時間軸以等間距表
示可以提升信任感。

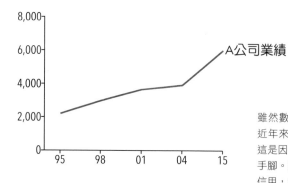

不恰當的折線圖
雖然數據資料與**圖 28** 相同,可是
近年來的業績卻看起來突飛猛進。
這是因為時間軸的間距單位被動了
手腳。這種作法會讓圖表本身失去
信用,危險性很高。

④長條圖
—只用於傳達「數據差異」—

能夠直接、正確地傳達「差異」的圖表

　　長條圖是可以讓任何人立刻理解的便利圖解形式。但是，長條圖的功能也是有其限制。

那就是，只能在直覺傳達「數據差異」時使用。

　　製作長條圖時，一定要遵守以下兩點規則。

- 基準值一定要為 0
- 不能省略長條圖的長度

　　請比較圖 30 與圖 31，並做確認。
　　這是不了解長條圖功能的人常會犯的錯誤。長條圖是直覺且正確傳達「數據差異」的圖表。

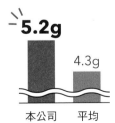

30
本公司商品的
食物纖維很豐富！

5.2g
4.3g

本公司　平均

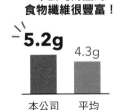

31
本公司商品的
食物纖維很豐富！

5.2g
4.3g

本公司　平均

如果只看**圖30**的圖表，是不是覺得數據看起來差兩倍？但是實際上的差距非常小，只因為省略了長條圖的長度，所以導致圖表的數量看起來被扭曲。

　　把**圖30**的長條圖照真實比例顯示的話，就是**圖31**呈現出來的樣子。

　　有些人會無法抗拒「把圖做得很誇大」的誘惑，於是就會做一些手腳。

　　可是這麼做不但會給予對方錯誤的認知，還有可能導致對方感到「差點就被騙了」的不信任感，所以務必要小心。

　　這種時候，就要思考是否還有其他的表現方法。

　　如果你的圖表是要傳達差異性，就更應該正確地傳達，否則將會影響資料的可信度。

　　請先理解，就算圖解化，也不一定會達到你期望的效果，再來檢討應該用什麼樣的方法呈現。

　　如果是容易導致誤會的情況，有時只表示數據還比較恰當。

「與時間軸有關」以及「與時間軸無關」

　　長條圖可大略分為兩種。

　　「與時間軸有關」以及「與時間軸無關」的長條圖。

　　前者是順著時間走向的圖表，很適合用來確認每個時間點的數據。

　　「如果比起變化，各數據本身的意涵更重要」，那麼使用長條圖

會更能發揮效果。

如果你卡在不知道該用長條圖還是折線圖的話，以下就是兩種圖表最大的差異：

長條圖的功能是正確表示出每一個數據。

因此，長條圖不適合用來觀察數據之間的關聯性與連續性。這種情況下用折線圖比較好。

舉例來說，如果要表示過去三個月間平均股價的大略走向，就要使用折線圖；如果想要呈現一周結算的具體數據，那麼長條圖比較適合。美國圖解專家奈傑爾‧霍姆斯（Nigel Holmes）在他的著作中提到，「變化」與「數據」呈現出的重點不同。你的著眼點要明確，並選擇符合目的的圖表，才能獲得對方的理解。

另一方面，**當你想要用一個基準同時比較好幾個群體時，與時間軸無關的長條圖就可以派上用場。**

舉例來說，像是「各國石油產量」與「各年度咖啡消費量」就是長條圖最能發揮效果的主題。

想必你的腦海中，已經清楚浮現出圖表完成的樣貌了吧。

1
準備

2
「圖」的功能

3
製圖

4
範例集

⑤數據一覽表
—只用於傳達「具體數據」—

圖表的最後選擇

數據一覽表是直接傳達「具體數據」時使用。

當你要在某處表示大量的數據訊息時，或是刊載位置不夠大時，就可以使用數據一覽表。

但是這種圖表對於閱讀的人來說，是非常勞心耗神的事，因為很多人討厭看複雜的數字。

而且當你發表簡報時，不太可能去仔細讀取投影在螢幕上的數據表。

因為對很多人來說，直覺理解數字本身是很困難的事，他們會盡可能避開密密麻麻的數字。

如果有其他圖表可以呈現的話，應該優先選用其他圖表。

一覽表是在山窮水盡時的「最後選擇」。

另一方面，也有具體數據比視覺圖表更容易理解的時候。如果用折線圖或長條圖，容易引起許多數字重疊在一起的問題發生。

這種時候如果把數據一項一項表示的話便能讓混亂的情況降至最低。

比起太過複雜而無從閱讀的圖表，數據一覽表的資訊價值更高。

數據一覽表可活用在以下情況：

數據一覽表的用途
- 資訊由很多種單位構成時
  - 例：表示電腦機械的性能時
- 資訊過多，而不同使用者只須部分資訊時
  - 例：保險服務的年齡別月保費表
- 如果用視覺圖表呈現會太過複雜時
  - 例：一次表示多種數據變化的圖表

製作一覽表的小祕訣

數據表中的數據配置方法也有一些小訣竅。如果配置的方式可以讓對方更好理解的話，傳達資訊的效率也能升級。

這也許不能應用在所有數據表中，但是還是值得一試，方法有以下四點：

讓數據一覽表更容易理解的訣竅
- 隱藏框線
- 顯示平均值
- 縱向排列數據
- 顯示整數

①隱藏框線

很多人會用框線製作數據表，事實上沒有框線的表格可以讓對方更容易讀取。框線會阻礙你比較數據時的流暢度，盡量減少框線，可以減輕對方閱讀資料時的負擔。

請看**圖 32**，這看起來是一個隨處可見的有框線圖表。請看下一張**圖 33**，它是消除框線的圖表。線變少看起來就比較舒服，視線的移動也更順暢。

有些人會擔心消除框線會讓行與列變得不明顯，但是實際看起來，有框線的圖表反而會阻礙視線。

32

世界的發電量（單位 億 kWh）

	1973	1980	1990	2000	2005	2006
中國	1 668	3 006	6 212	13 562	24 996	28 642
日本	4 703	5 775	8 573	10 915	11 579	11 611
印度	728	1193	2 894	5 622	6 992	7 441
韓國	148	372	1 054	2 901	3 894	4 040
台灣	207	426	902	1 849	2 274	2 354
泰國	70	144	442	960	1 322	1 387

資料來源：世界國勢，2009 年 10 月（矢野恒太紀念會）

使用框線的數據一覽表
框線會阻礙視線移動，有可能會妨礙對方理解。

33

世界的發電量（單位 億 kWh）

	1973	1980	1990	2000	2005	2006
中國	1 668	3 006	6 212	13 562	24 996	28 642
日本	4 703	5 775	8 573	10 915	11 579	11 611
印度	728	1193	2 894	5 622	6 992	7 441
韓國	148	372	1 054	2 901	3 894	4 040
台灣	207	426	902	1 849	2 274	2 354
泰國	70	144	442	960	1 322	1 387

消除框線的數據一覽表
消除框線可以讓視線更舒適流暢，也能促進理解。如果行數多，也可以增加輔助線。

②顯示平均值

如果在世界發電量的數據中增加一個平均值，就能不動聲色地表現出每一個數據的意義。

請看下面的**圖 34**。最下方增加了一行平均值，如此一來就可以看出各國發電量相較於平均值的程度，也能得知除了各國排名以外的訊息。

當然，有些時候平均值並不重要，只是提供一個參考而已。

如果表示平均值有其意義的話，可以放進圖表中。

34 世界的發電量（單位 億 kWh）

	1973	1980	1990	2000	2005	2006
中國	1 668	3 006	6 212	13 562	24 996	28 642
日本	4 703	5 775	8 573	10 915	11 579	11 611
印度	728	1 193	2 894	5 622	6 992	7 441
韓國	148	372	1 054	2 901	3 894	4 040
台灣	207	426	902	1 849	2 274	2 354
泰國	70	144	442	960	1 322	1 387
平均	1 254	1 819	3 346	5 962	8 510	9 246

增加平均值的數據一覽表

只是加上平均值，便能暗示各數據在整體圖表中代表的意義，可以當作閱讀資訊時的參考。

③縱向排列數據

當你的目的是比較數據的時候，就縱向排列數據吧。

縱向排列比橫向排列更容易比較數據。

請看以下的**圖 35**。是把行與列互換的圖表。你覺得有什麼差別？請仔細分析一下，為什麼你會有不同的印象？

你是不是覺得這樣更能看出每一個國家發電量的變化呢？你現在應該是從中國或是日本，以國家為單位來觀察發電量的變化。人們都習慣縱向比較數字。

那麼，你覺得前一頁**圖 34** 的呈現方式會給人什麼樣的觀點？這張圖適合比較國與國之間的差距，像是比較「中國與日本的差距」等。

35 世界的發電量（單位 億 kWh）

	中國	日本	印度	韓國	台灣	泰國	平均
1973	1 668	4 703	728	148	207	70	**1 254**
1980	3 006	5 775	1 193	372	426	144	**1 819**
1990	6 212	8 573	2 894	1 054	902	442	**3 346**
2000	13 562	10 915	5 622	2 901	1 894	960	**5 962**
2005	24 996	11 579	6 992	3 894	2 274	1 322	**8 510**
2006	28 642	11 611	7 441	4 040	2 354	1 387	**9 246**

行列互換的數據一覽表

把數據縱向排列比較容易比較。行與列互換後，傳達出的訊息也會改變。

只是像這樣把行與列互換，就能傳達出不同的訊息。

請務必配合你的主題，用適當的方法製作圖表。

④顯示整數

當你的數據很大時，用整數表示，可以讓對方更容易掌握整體樣貌。

比方說，把各位數四捨五入就能降低個數據的嚴密程度，能促進大方向的理解。下面的**圖 36** 就是這個例子。

當你追求的不是嚴謹的數字，而是大方向的理解時，就可以用這個方法來減輕對方的負擔。

36 世界的發電量（單位　億 kWh）

	中國	日本	印度	韓國	台灣	泰國	平均
1973	1 670	4 700	730	150	210	70	**1 250**
1980	3 010	5 780	1 190	370	430	140	**1 820**
1990	6 210	8 570	2 890	1 050	900	440	**3 350**
2000	13 560	10 920	5 620	2 900	1 890	960	**5 960**
2005	25 000	11 580	6 990	3 890	2 270	1 320	**8 510**
2006	28 640	11 610	7 440	4 040	2 350	1 390	**9 250**

使用整數的一覽表
當你想要表示的不是嚴謹的數字，而是整體的大略概念時，用整數表示會更佳。可以把數據四捨五入。

就算這樣，還是必須當作不得已時的選擇

你現在應該知道，製作數據一覽表只要一點基礎概念，就可以提升對方的理解程度，也能改變印象。

但是，我還是想要再提醒一次。

數據表枯燥乏味，閱讀時又勞心費神。一定會有很多人表現出不耐，甚至有人會無視這張圖表。

如果有別的方法可以呈現，請先試著使用那個方法。如果最後真的不行，也要把數據表做得盡善盡美。

要把數據一覽表想成是最後的「不得已的選擇」。

STEP 2 總結

如何區分照片與插圖的使用場合

- 不要用喜好或隨機決定
- 依目的選擇符合特性的那方
- 不必要的訊息會帶給對方意想不到的影響

選擇正確的圖表

- 理解每一種圖表的功能
- 選擇符合內容特性的圖表

  ❶ 圓餅圖：傳達「佔全體的比例」

  ❷ 百分比長條圖：傳達「比例的不同」

  ❸ 折線圖：傳達「時間軸的趨勢」

  ❹ 長條圖：傳達「數據差異」

  ❺ 數據一覽表：傳達「具體數據」（但這是不得已的方法）

完成

―引起對方注意的技巧―

引起對方注意的技巧

之前我們已經談過從「決定主題」到「決定呈現方式」的過程，完成圖解還差最後一個步驟。

那就是「完成」。

在 DTM 思考流程中，「Making」（製作）也是最後階段，只要完成這個步驟，製作圖解的所有工作就到此結束了。

這個階段是相對簡單的工作。不太需要動腦思考，以手動為主。終點就在眼前了。

回顧一下，「主題設定」與「決定呈現方式」主要都是在腦海中組合材料。

另一方面，「完成」是確認已決定好形式的圖解沒有任何問題的階段。

就像是產品出廠前會做確認一樣，剩下的只是微調的工作而已。不過雖然這麼說，這個步驟卻是成為吸引對方注意的原動力。雖然是很簡單的工作，可是絕不能馬虎。

最後要完成的工作，大略分成以下三項：

| 圖解的呈現 | 圖解周邊的呈現 | 文章的呈現 |

吸引對方注意的三個呈現工作

做好這三個呈現工作，就能大幅提升資料文書的完成度。我們一個一個來看吧！

首先是「**圖解的呈現**」。

1 圖解的呈現

老實說，關於基本的圖解技術，我已經把該說的都說了，你應該已經充分了解思考的脈絡與實作的順序等，圖解的基本要點。

但是，最後的工作還有一項不可缺少的重點，也就是以下三點：

完成圖解前不可或缺的3件事
- 降低衝擊性
- 否定多樣性
- 不信任自己

①降低衝擊性

你現在應該是為了增加視覺的吸睛度而製作圖解。那麼為什麼還要「降低衝擊性」呢？有些人應該會搞不清楚狀況吧。

但是，其實這是每個設計師都知道的常識。

這是沒有設計經驗的人，以及還在學習中的學生常常會犯的經典錯誤，也就是「**強調所有的資訊內容**」。

這樣**完全會造成反效果**。

當你決定好圖解的主題後，為了突顯主題，就必須犧牲其他元

素。所以，這道作業是要相對減弱主題以外的元素。這並不難。

可以立刻發揮效果的「降低衝擊性的方法」如下所示。

降低衝擊性的方法
- 色彩調淡
- 線條調細
- 調整文字大小與粗細
- 將元素調得小一點

另一方面則要加強關於「主題」的部分。

請比較下一頁的**圖 37** 與**圖 38**。

圖 37 過於強調每一個元素，反而讓整體印象變得模糊。

圖 38 加強主題「資金的流向」，並且降低其他部分的印象。控制需要強調的部分與需要減弱的部分，對方就能依照講者期望的角度觀看圖解。

你心裡可能有很多想要強調的部分，但是請多忍耐。

你最需要做的，就是傳達主題。先把這件事做好，才能正確傳達其他資訊。

37

本公司經營的投資基金資金流向

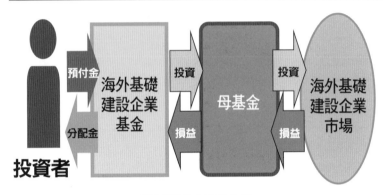

過度強調各元素的圖解

過於強調每個元素，就會導致每一個元素
都無法讓人專心。

本公司經營的投資基金資金流向

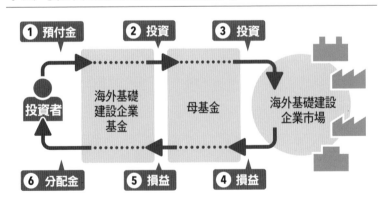

降低部分元素印象的圖解

清楚區分要強調的部分與必須減弱的部
分，這樣就能更容易閱讀資訊。

②否定多樣性

現在我們要來否定多樣性。當然,我說的不是社會環境的多樣性,而是關於圖解技術的想法。圖解中有好幾個元素。如果這些元素多元且沒有脈絡地出現,那麼就會成為妨礙理解的元凶。這道作業就是為了解決這件事。

這裡有兩個方法:

有條理地呈現多樣元素的方法
- **分類要清楚**
- **確保一貫性**

・分類要清楚

「分類要清楚」指的是,不同種類的資訊就要用不同的呈現方式。相反的,同種類的資訊就要讓它們看起來是一起的。

要確實做好這件事。

第一次接收到資訊的人,對於你分類的資訊項目一無所知。

首先,要傳達的就是你的資訊分類。因為資訊分類與主題息息相關。

圖解需要有秩序的訊息,並且要被有條理的管理。

但是在製作圖解的過程中,你會出現各式各樣的想法。每當你靈光一閃時,就會增添新的元素,在這個過程中,圖解的秩序就會漸漸散亂。

所以,在最後完成的階段中要找出不一致的部分,再一次劃清楚界線。

只要能傳達最初的主題與資訊分類，就能找到通往其他資訊的脈絡。

這就像是為此目的而做的檢查工作。

· 確保一貫性

另一方面，「確保一貫性」的意思是，你的資訊分類要貫徹在所有資料上。

弄清楚哪一項資訊與哪一項資訊相似，那一些則是不同的。

如果做好這件事，對方也更能掌握到資訊的線索。

請看下一頁的**圖 39**。這個圖解完全沒有劃分資訊分類。雖然一貫性也很重要，可是資訊沒有經過適當分類的話，對理解還是沒有幫助。

這會導致對方必須自己一個一個確認每一項資訊代表的意思，而且不保證他能得到正確的結果。

圖 40 是改善範例，是經過**「區分」**與**「一貫性」**的程序，使資訊變得更清楚明瞭。

製作圖解的過程會產生許多元素，在此步驟用簡單的方法整理清楚，還要保持一貫性。請務必確實完成這個步驟。

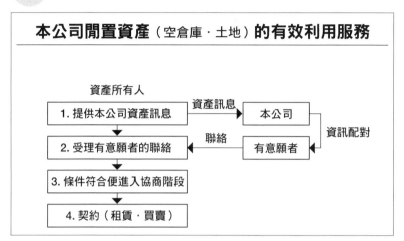

39

本公司閒置資產（空倉庫・土地）**的有效利用服務**

資產所有人

| 1. 提供本公司資產訊息 | 資產訊息 → | 本公司 |
| 2. 受理有意願者的聯絡 | 聯絡 ← | 有意願者 |

資訊配對

3. 條件符合便進入協商階段

4. 契約（租賃・買賣）

資訊分類不清楚的圖解

分類訊息看起來都一樣的話，對方無法了解其中含意。

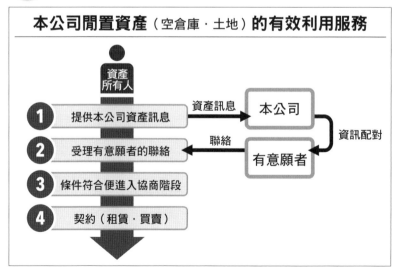

本公司閒置資產（空倉庫・土地）**的有效利用服務**

資產所有人

① 提供本公司資產訊息　資產訊息　本公司

② 受理有意願者的聯絡　聯絡　有意願者

資訊配對

③ 條件符合便進入協商階段

④ 契約（租賃・買賣）

資訊分類區別明確的圖解

呈現方式可以把資訊分類清楚傳達給對方，內容也更好理解。

1 準備

2 「圖」的功能

3 製圖

4 範例集

③不信任自己

當你一步一步照著順序前進，會開始對完成的圖解產生感情。你已有條理地思考過，所有需要檢討的地方也都已確實完成，於是你產生了「這個圖解一定所有人都看得懂」的自信。

但是，有時候有自信也是一件危險的事。你必須要以客觀的角度來看圖解。

請試著不帶說明找人解讀你所做的圖解。盡量找二位以上。

你可以問他們能從圖解中理解那些資訊。如果跟你想的一樣，那就十分完美，可以直接使用這個圖解。

但是，可能也會有人說「我不知道」，或是別人的回饋跟你想的完全背道而馳。

雖然我寫的是教學的書，但是我也經歷過很多次的失敗。說來慚愧，我試做的圖解也曾被人說過「我看不懂」，每一次都要再度修正。直到別人完全理解之前，都必須不斷修改。

雖然是很單調乏味的工作，但是當你知道對方是在那裡卡住時，你的收穫就很大。有時候也會感到很氣餒。如果真的遇到瓶頸，可以先回到「訊息分類」的步驟，從頭來過。

但是，只要不斷重複這個過程，一定會抵達終點，不用太過擔心。

重要的是，你要有自覺：「自己的觀點非常不客觀。」

因為你現在已經學到過多的專門知識了。

絕對不要太有自信。把自己做的圖解給別人看，可以從中學到很多。

要試著傾聽那些說「我不懂」的人的意見，這麼做就可以讓你的圖解變得「更客觀」。

2 圖解周邊的呈現

第二個呈現作業就是**「圖解周邊的呈現」**。「圖解周邊」聽起來好像很繁瑣，但是絕不能小看它。

其實，圖解周圍是對方非常容易注意到的地方。

也許平常看的時候並沒有注意到，但其實你在無意識中接收到很多圖解周圍的訊息。

第一個映入眼簾的元素是「圖」（視覺影像），我在本書開頭就已提過。

那麼，你想像得到第二個映入眼簾的是什麼嗎？其實是**「說明文字」**，也就是照片或插圖下方的小字。

首先，你看到了圖，接著你可能很快理解它的意思，或是你對它產生興趣，下一步你就會開始閱讀解說的部分。如果是看起來有趣的資訊，自然就會想要更深入了解。

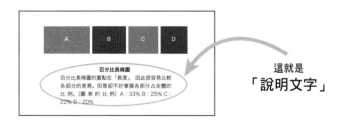

這時候，可以讓你快速獲得資訊的就是說明文字了。

　　要從長篇大論中找出圖解資訊，需要花很大的工夫，想要更簡單獲得資訊的話，就要「閱讀說明文字」，所以人們在看到圖之後，便會把目光轉向寫在旁邊的說明文字上。

最先看到的是「圖」，下一個是「說明文字」

　　如果上面寫的內容很無聊，對方就不再感興趣。如果內容引人入勝，對方就會接著看前言或內文，做更深入的理解。那麼，如果沒有說明文字的話，會發生什麼事呢？那就只能取決於對方了。如果對方沒有找到某些線索，就會在此失去興趣。如果發現某個不能錯過的訊息，對方就會願意閱讀內文。

　　你沒辦法掌握對方之後的行動，因此你必須用一些方法，讓對方踏上**「從圖解到說明文字，從說明文字到文章」**的路程。

　　所以，你要掌握圖解周邊的兩個重點：

讓圖解周邊效果更好的方法
- 一定要附上說明文字
- 與文字緊密連結

①一定要附上說明文字

附上說明文字。可以先寫上能從此圖解中得到的訊息。對方就會在心裡想：「果然跟我想的一樣呢」或是「原來是這樣啊」。可以直接把內文中的某句話拿出來用，內容重複也沒關係。

②與文字緊密連結

圖一定要附上編號或記號。有「圖1」或是「Figure 2.1」等各種標記方法，只要可以讓讀者在閱讀內文時，立刻了解現在說明哪一張圖就可以了。寫上「表示OO的是圖1的資料」，對方就會看圖1。

但是，有一件更重要的事，就是要標示好可以從圖解找到相對應文章的方法。有很多人是先看圖才開始看內文，因為目光會先被圖吸引。因此要標示好可以立刻從圖連結到文章的方法。

以下就是一個簡單的方法。

把文章中的圖解編號改成粗體字，讓編號更醒目。

這樣就可以了。這樣對方在看完圖解之後，就能立刻找到相關聯的地方。

┃3 文章的呈現

第三個呈現作業是**「文章的呈現」**，但是我在這裡要說的並不是文章內容，而是「文章的結構」。

用於說明資料的文章，一般都會有大標題、小標題與本文這些層次。

其實，這些層次對對方會產生很大的影響。只要把層次數控制在適當的數字內，並且維持一致的形式，就能確保文章清楚易懂。另外，就算是一樣的文字訊息，只要改成條列式，就能帶給人截然不同的印象。

這也同樣可以左右對方的理解度。

需要注意的重點就是以下三種，我會進一步說明。

讓文章更清楚明瞭的重點
- **多下標題**
- **結構最多分為三個層次**
- **條列式說明重點，盡可能圖像化**

①為了讓對方快速理解，要多下標題

根據語言教育學的研究，文章的解讀方法有兩種。

也就是「解讀大意」與「解讀資訊」這兩種。

如果是小說等文藝類書籍，應該都會從頭開始細細品味吧。但不論是說明文、印刷品的資訊或網路訊息，一般都會以「解讀大意」與「解讀資訊」這兩個階段來閱讀文章。

大部分的人都會先藉由「解讀大意」，大略掌握文章整體內容。

之後，為了更詳細了解需要的部分，才會解讀資訊。這個方法可以快速有效率地獲得自己所需的訊息。大部分人也幾乎是用這種方式，閱讀插入圖解的文章。

對於接收資訊的人來說，重要的是「快速找到所需的訊息」。

而**「標題」**有助於達成這件事。

這是因為在「解讀大意」的階段時,只能用標題捕捉到對方快速移動的視線。會關注在這個點上,是因為有插入標題的緣故。只要適當且盡量放上能捕捉目光的標題,對方只要循著標題便能掌握到文章的大意。

當然,標題的內容最好跟你想優先傳達的資訊相關。

標題不只在讀取大意的階段有用,在之後也會派上用場。當你忘記內容時,就可以藉由標題再一次做確認。

不論是發表簡報、印刷資料,還是網路訊息,都可以盡量使用標題減輕讀者的負擔,也能快速促進理解。

②文章結構最多分為 3 個層次

英國的行動科學家派翠西亞・萊特(Patricia Wright)曾指出,「說明文的結構最多只能分為三個層次」。四層以上就容易使讀者誤會。

所以,可以得知自己正在閱讀的文章是哪個資訊中的部分,就變得很重要,這關乎讀者對整體文章的理解程度。

三個層次的文章以「大標題、小標題、本文」為典型的書寫方式。

如果你手邊有正在製作的資料,請算一下文章的層次數。

應該沒有超過三個層次吧?如果你要傳達的資訊很複雜,那麼把內容精簡地呈現在標題上也許不容易。但是,說明者不可以因為文章內容複雜,就一味增加文章層次數,請一定要牢記,段落不要超過三層。

③條列式說明重點,盡可能圖像化

想要傳達的重點部分用**條列式**表示比較好。因為這樣比較顯眼。

就算字型與字體大小相同，將重點條列還是比長篇文章中的資訊更引人注意。

這也是因為使用條列式重點時，一定會在各項目開頭的部分加上項目符號。「‧」就是代表之一，你應該也很常用吧？

也許平常只是無意識地使用條列式重點，但是卻看起來很醒目。條列式會因項目符號變得整齊，能與一般的文章做出區別。

另外，條列式的文章容易令句尾部分產生空白，因此容易抓住讀者的視線。改變字型的話效果會更明顯。

三種條列式說明

項目符號	例	意思
符號	‧　●　○ ■　▶	順序不重要的條列式說明
數字	1. 2. 3. ... ①、②、③...	順序有其重要性的條列式說明
文字	A. B. C. ... ア、イ、ウ、...	有排他性（不允許重複）的條列式說明 ＊ 可活用於選擇題中

條列式的部分會在文章中特別醒目。
但還是要盡可能地去思考，內容是否有圖像化的可能性。

圖解會比條列式說明的衝擊性更加強烈。

如果是把文章圖像化，同時顯示原文與圖解，可以更加深印象。

這也跟加深對方印象的技巧「重複傳達同樣的內容」有關（第82頁）。

　　請務必再複習一次。

　　思考如何把文章圖像化時，我常用的方法剛好與這個過程很相似。就是以下的三個重點。

把文章圖像化時的順序

- 把文章依要點拆解
- 並且條列式寫下來
- 讓要點更精簡並圖像化

　　目前為止，我已經分三個項目介紹文章的呈現方法。或許有些內容跟圖解沒有直接相關，但卻是為了讓資料變得更簡單易懂而不可或缺的重點，因此才特別說明。

　　希望可以幫上你的忙。

STEP 3 總結

引起對方注意的技巧

- 圖解的呈現
- 圖解周邊的呈現
- 文章的呈現

完成圖解前不可或缺的三件事

- 降低衝擊性
- 否定多樣性
- 不信任自己

有效果地呈現圖解周邊的技巧

- 一定要附上註解
- 與文字緊密連結

讓文章更清楚明瞭的重點

- 多下標題
- 結構最多分為三層次
- 條列式說明重點，盡可能圖像化

[範例集]

只要改變「圖解」
就可以傳達所有訊息

1 常見的失敗範例
要這樣改善

▌雖然掌握了基本方法，但還是不知道該怎麼做

「只要看完本書，就可以掌握圖解基本的整體概念。」

我是抱著這個目標而寫的，你覺得如何呢？你是不是也順利達成了呢？

如果是這樣的話我會很高興，因為重要的事情已經全部傳達給你了，只差實踐而已。我也可以就這樣順利地寫上「後記」，在還笑得出來的時候結束這本書。但是……

實際坐在桌子前的時候卻完全沒有靈感……

像這樣沒有具體範例便不知從何開始的例子有很多。我也常會遇到，這種時候真是讓人束手無策。要從零開始創造新事物是很麻煩的。

在第四章中，我會介紹我曾看過的圖解，與身邊常看到的「失敗範例」。

然後，我會針對所有的範例做出我認為比較好的改善範例。當然，這不過是改善範例的其中一種做法。就像我之前所說，這並不是唯一的「正確解答」。

因為圖解的形式是以「主題」來決定。

就算是相似的範例，只要主題改變，就必須做修正。

我會把「失敗範例」與「改善範例」放在一起，你可以互相比較，確認改善的重點。

這 50 個範例大略看過就好

我接下來要介紹的五十個範例，大致可以分成以下四種：

- 流程‧構造圖
- 比較‧一覽表
- 圖表
- 文字‧配置

像這樣的分類有時候反而會限制你的想像力。如果腦中一直想著要做圖表，可能會無法從中跳脫出來，這是在談圖解基本技術時不樂見的情況。時常思考是否有不同的呈現方法，也是很重要的。

但是我會像上面那樣分類，是希望可以當作圖解的索引。

與其參考整個圖解，不如學習圖解中應用到的部分技巧。希望你把這個範例集作為遇到問題時「可以這樣處理」的參考，如此就可以跳脫主題，對你正在製作的圖解有所幫助。

所以，這些範例你可以隨意跳著看。當然，逐頁閱讀時，你對如何呈現也會有自己的想法，希望你在「Discovery」（發現）階段蒐集素材時也可以用得上它們。

重要的是以書裡刊載的範例為起點，盡可能參考身邊的各種資訊，然後用自己的方法不斷修改、製作。

常見的失敗範例
簡單的訊息就只要用文字傳達即可

可以為讀者做的事
**越是簡單的資訊
越需要以圖解吸引注意力**

有一些資訊很單純，不用一行字就足以說明。像這樣的資訊不管誰看都能理解，很多人會覺得應該不用特意圖解化。

但是，因為是簡單的資訊，做成圖解**不用花太多工夫**，就能夠得到吸引對方注意的機會。正是這種時候才需要積極運用圖解。

請先看「**失敗範例**」的部分。這是一個簡潔的公式，但是只有文字很難立刻掌握整體的意思，所以乍看之下會覺得很複雜。

而「**改善範例**」只是把元素用框線圈起，與數學符號排在一起而已。但是你應該也覺得，這樣能<u>讓資訊變得更容易閱讀</u>。

希望你可以記住這個把簡單的資訊做成圖解的重要技巧。

改善重點

- **把不到一行的簡單文字化為圖解。**
- **用框線框起，文字之間的排列保持適當的距離。**

失敗範例

光靠文字無法抓住說明的重點

純營收 － 銷貨成本 ＝ 總淨利（數字為正的時候）

純營收 － 銷貨成本 ＝ 總損失（數字為負的時候）

銷貨成本 ＝ 期初存貨 ＋ 本期進貨 － 期末存貨

改善範例

只是用框線圈起來就能變成圖解

純營收 － 銷貨成本 ＝ 總淨利（數字為正的時候）

＝ 總損失（數字為負的時候）

銷貨成本 ＝ 期初存貨 ＋ 本期進貨 － 期末存貨

常見的失敗範例
以為用一個圖解就可以完整表達所有流程

可以為讀者做的事
太複雜的資訊
就拆解成兩張圖解

　　當你要傳達一個構造或結構時，一定會想要詳盡地解說，但是結果可能會辜負你的期待，因為簡單的東西讀者才會接受，對於複雜的東西就會感到抗拒。不論是文字還是圖解，都是一樣的道理。

　　首先請看右圖的「**失敗範例**」。這是用一張圖來表示商品與金錢的流向，但是因為資訊過多所以變得很複雜。

　　我們先停下來思考一下，這些資訊真的一定要用一個圖解說明嗎？

　　答案是，依資訊主題而定。如果你的資訊不需要同時說明，那麼就可以試著把圖分成兩部分。

　　「**改善範例**」是把「商品」與「金錢」這兩個主題分開說明。雖然圖的數量增加了，圖的內容卻變得比較簡單。

　　把圖解拆開的理由，是為了讓對方一次專注在一個主題上。

　　請從你的主題來判斷需不需要拆解。

改善重點

- **把複雜的內容拆解，把圖解一分為二。**
- **統一設計讓兩個圖解看起來有關連性。**

失敗範例

放入過多資訊會讓圖解變得複雜

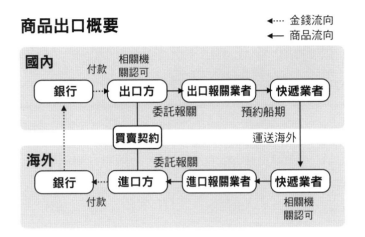

商品出口概要

◀···· 金錢流向
◀── 商品流向

國內
付款　相關機關認可

銀行 ···▶ 出口方 ──▶ 出口報關業者 ──▶ 快遞業者
　　　　　委託報關　　　　預約船期

買賣契約　　　　　　　　運送海外

海外　　　委託報關

銀行 ◀··· 進口方 ◀── 進口報關業者 ◀── 快遞業者
付款　　　　　　　　　　　相關機關認可

改善範例

拆開圖解讓內容變得簡單

商品出口概要

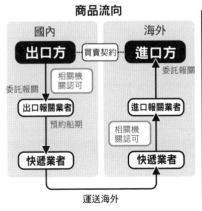

商品流向

國內　　海外
出口方 ···買賣契約··· 進口方
　　　　　　　　　委託報關
委託報關　相關機關認可
出口報關業者　進口報關業者
預約船期　相關機關認可
快遞業者　　快遞業者
運送海外

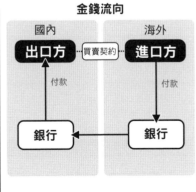

金錢流向

國內　　海外
出口方 ···買賣契約··· 進口方
付款　　　　付款
銀行 ◀── 銀行

常見的失敗範例
營造磅礡氣勢感的事業組織圖

可以為讀者做的事
仔細思考主題的意義，
才能做出符合文字的圖

在企業的宣傳手冊中，常會出現看起來很成功偉大的事業組織圖，但是怎麼看還是看不出所以然。請看右圖的「**失敗範例**」。

這是企業的宣傳手冊中常犯的「典型錯誤」。

請注意標題文字與圖解內容不符合的部分。雖然強調「顧客至上主義」，圖中卻把「顧客」的部分流放到外圍。

想要突顯「強項」的時候，很容易把「本公司」放在正中間，但是對於讀者來說，這樣無法直覺理解與自身的關聯性。這樣無視對方感受的作法，就會讓人覺得只是在「自吹自擂」而已。

就算寫的文字都一樣，但是配置方法不同就能扭轉印象。請注意，資訊的配置要讓對方感受到它是與自己直接相關的。

「**改善範例**」是用更貼近文字的意思製作，把最重要的「顧客」放在圓的中央。

氛圍不重要，重要的是把主題放在第一位，圖解才會生動。

改善重點

- **重新檢視標題文字的含意。**
- **資訊的配置要讓對方感受它與自己是直接相關的。**

失敗範例

文字與圖解內容不一致而產生矛盾感

本公司是顧客至上主義

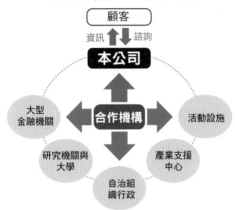

改善範例

依主題製作圖解，就能給人不同的印象

常見的失敗範例
圖與說明分得一清二楚，營造出有條理的感覺。

可以為讀者做的事
**不要把圖與說明分開，
應該直接標在上面**

首先，請看「**失敗範例**」。

這張地圖把地名分開，以列表方式標示在左側。乍看之下好像有條理分明的感覺。

但是，這只是表面上看起來整齊，從傳達的力道來看完全不合格。請與「**改善範例**」做比較。

「**改善範例**」沒有編號，是把名稱直接標示在地圖中。這樣可以幫助對方迅速了解。

「**失敗範例**」必須先看圖的編號，再從編號對照名稱。需要兩道步驟。

「**改善範例**」可以直接知道名稱，步驟只有一個。

也就是說，理解「**失敗範例**」的圖解需要多花一道程序。

這樣等於故意挖一個陷阱讓對方跳進去。

<u>**應該要盡量讓讀者節省對照的時間。**</u>

但是，如果有特殊原因，需要從名單對照圖解的話，就不一樣了。這時候最好在圖上同時標記編號與名稱。

改善重點

- **改善對照編號的方式，刪掉列表**
- **直接在圖上標示名稱**

失敗範例

圖與說明分開會增加對照的麻煩

本公司的研究據點

各國名

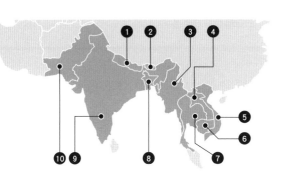

❶ 尼泊爾
❷ 不丹
❸ 緬甸
❹ 寮國
❺ 越南
❻ 柬埔寨
❼ 泰國
❽ 孟加拉
❾ 印度
❿ 巴基斯坦

 改善範例

同時表示圖與說明文字就能正確傳達資訊

本公司的研究據點

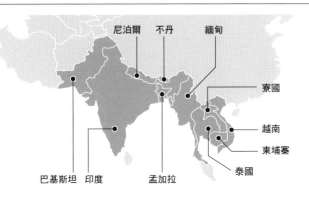

常見的失敗範例
說明文字與插圖以編號來連結說明

可以為讀者做的事
說明文字一定要放在
「圖的旁邊」

說明步驟的時候，在插圖旁直接放上說明文字，可以減少觀者的誤解與遺漏的情況。

因為可以直接比較圖與文字。

請試著比較右邊的「**失敗範例**」與「**改善範例**」。

「**失敗範例**」中圖與說明文字分開表示。每一個步驟的圖與文字都是分開的，所以會對讀者的理解造成負擔。

另一方面，「**改善範例**」從頭到尾都是上下排列圖與文字。步驟越多，「**改善範例**」的方法的效果就越好。

像這樣看到具體的例子後，每個人都會接受這個方法，可是當你自己在說明步驟時，卻很容易分開標示，並且用數字或記號連結圖與文字。你應該也很常看到「**失敗範例**」般的圖。

要讓對方可以輕鬆了解各個步驟，就把說明文字放在圖的旁邊吧。

改善重點

- **把說明文與插圖改成上下配置。**
- **刪掉說明文的編號。**

圖與說明分開會很難找到說明的部分

會員註冊手續

1 在本公司網站的「會員註冊頁面」設定 ID 和密碼。

2 立即收到本公司的確認信。

3 打開確認信，在 24 小時內點入信中的連結。

4 按下註冊鍵即完成註冊。

改善範例

同時表示圖與說明文，可以更容易找到說明的部分

會員註冊手續

在本公司網站的「會員註冊頁面」設定 ID 和密碼。

立即收到本公司的確認信。

打開確認信，在 24 小時內點入信中的連結。

按下註冊鍵即完成註冊。

常見的失敗範例
簡潔地說明交通方式的資訊

 可以為讀者做的事
不要用簡潔的說明文字，
而是用圖解直覺傳達概念

　　交通資訊方面的訊息常被放在不顯眼的地方。更常看到的是附上簡潔的文字，說明如何到達目的地的交通方法。

　　請看「**失敗範例**」，這是一個典型的範例。只看一眼說明，腦中根本描繪不出該怎麼走。這樣走真的可以順利抵達目的地嗎？這種方式很難讓對方有自信地照著走。

　　請看「**改善範例**」。如果篇幅允許，請設計這種可以直覺理解的圖解。這麼做可以讓讀者稍為安心一點。

　　再者，路線資訊可以活用「Step by Step」的技巧，這是最適合傳達交通方式與路線的方法。

　　如果有圖解，對方就可以從好幾條路線中選出最適合的交通方法。

　　簡單易懂的圖解對來賓會很有幫助，請務必嘗試用圖解來說明。

改善重點

- **不要用文字，改用圖解來說明。**
- **使用 Step by Step 的技巧，讓對方更容易比較各個路線。**

✖ 失敗範例

簡潔的說明文字不會讓人留下印象

新商品展示會的交通方式

於捷運「A 站」下車，在 5 號出口的 9 號公車站搭乘往「大學附設醫院」（A20 系統）方向的公車，在「商業大樓站」下車，步行 1 分鐘。於捷運「B 站」下車，前往 2 號出口的南口巴士站，搭乘往「市立博物館」（N50 系統）方向的公車，在「商業大樓站」下車，步行 1 分鐘。

 改善範例

以直覺的圖解讓人完全理解

新商品展示會的交通方式

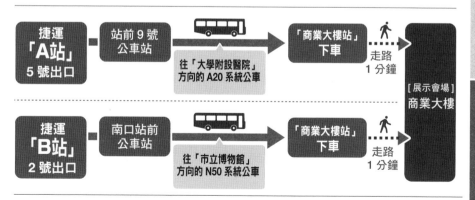

常見的失敗範例
重視整體形象，統一使用樣式相同的箭頭

可以為讀者做的事
箭頭有三種功能，
請依功能改變箭頭樣式

　　使用到箭頭的機會出乎意料地多。自己記錄的筆記、說明的資料等，箭頭有各式各樣的用途，但是很少人知道箭頭有三個功能。如果混用這三種箭頭，就會變成**「失敗範例」**的樣子，導致對方看不太懂，還會給人奇怪的印象。

　　那麼，到底是哪三個功能呢？

　　那就是「動作、連結、連續性」。

　　我這樣說你可能還是不了解，不過適當地使用這些功能就是**「改善範例」**的樣子。我們來一個一個看。

　　首先，實線的箭頭代表「動作」，表達把紙放入信封中、把信封放入郵筒中等動作。

　　虛線箭頭是「連結」。箭頭將名稱與意義做連結，表示訊息等功能。

　　「連續性」是兩個圖之間的大箭頭，表示從某個狀態進入到下一個狀態的時間順序。

　　如果箭頭依使用目的區分，資訊就會更有條理，意圖也會更加明確。

改善重點

- 整理圖中的各個箭頭功能。
- 不要使用一樣的箭頭，依功能來改變形狀。

箭頭的顏色或形狀都相同，意思就會模糊不清

郵寄申請方式

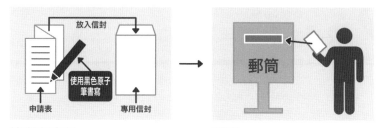

填寫申請表
把必要事項寫在申請表上，折三折
後放入專用信封中。

郵筒
不用貼郵票，直接投入郵筒中。

 改善範例

依功能區分箭頭的形狀，可以讓箭頭代表的意思更明確

郵寄申請方式

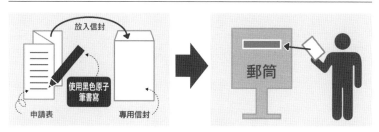

填寫申請表
把必要事項寫在申請表上，折三折
後放入專用信封中。

郵筒
不用貼郵票，直接投入郵筒中。

常見的失敗範例
大膽地用整個畫面說明步驟順序

可以為讀者做的事
說明步驟的順序
要盡量排成一直線

說明步驟時很常用到箭頭符號，但並不是只要使用箭頭就好。

請看「**失敗範例**」。失敗範例用箭頭來說明六個步驟，從右上開始蛇行到右下結束，但是這項說明與這樣特別的路線並沒有必然的關係。

一般來說，資訊橫排的時候會從左到右，上到下。直排的時候會從上到下，由右到左。

如果違反這個基本方向，就會讓觀者感到困惑，導致混亂與誤解。

研究顯示，違反規則的資訊配置會妨礙資訊理解。就算用數字標記順序，也不一定能夠凌駕在「由左開始」的直覺想法之上。步驟順序一定要遵照一般大眾習慣的方向，並且盡量排成一直線。

請看「**改善範例**」，順序是由上到下一直線排列，這樣的資訊配置就能減少對方看錯順序的機率。

改善重點

- 改善在畫面整體中蛇行的說明順序。
- 為了避免誤解，各步驟要一直線排列。

雜亂的文字路線會讓說明變得更複雜

2 遺產分配協議 ◀ **1** 財產凍結與金額確定

流動性資金的 繼承手續 從繼承到領取現金

3 製作遺產分配協議書　**4** 被繼承人財產的名義變更手續　**5** 轉換現金手續

先準備好在緊急時刻可以立刻使用的錢。
◎不適用於壽險中的遺產分配協議。

6 領取現金

改善範例

排成一直線便能清楚明瞭地說明

流動性資金的 繼承手續 從繼承到領取現金

先準備好在緊急時刻可以立刻使用的錢。

1 財產凍結與金額確定
2 遺產分配協議
3 製作遺產分配協議書
4 被繼承人財產的名義變更手續
5 轉換現金手續
6 領取現金

◎不適用於壽險中的遺產分配協議。

1 準備　2「圖」的功能　3 製圖　4 範例集

常見的失敗範例
說明步驟時，箭頭越大越好

可以為讀者做的事
調整箭頭的樣式，
用粗框把各步驟圈起來

很多人喜歡用大三角型當作箭頭符號使用，你應該很常看到「**失敗範例**」中的箭頭符號。

但是，你應該也多少感覺到，這種箭頭其實並不適合標示方向。

因為只有形狀很醒目，卻看不到更重要的「方向性」。

箭頭符號可以強調行進的方向，有助於理解。

「**改善範例**」中用的是正統的箭頭符號，而且比「**失敗範例**」小。但如果從「表示方向性」的功能思考，會發現這種箭頭比較可以達到效果。

改善範例的圖還在各步驟中加入粗框線，這樣可以讓各個步驟更加明確，讓人可以立刻掌握。在 Step by Step（第 66 頁）的說明中提過，增加各步驟的存在感是很重要的。

希望你不要忘記「箭頭」與「框線」的重要性。

改善重點

- **把箭頭改回正統的形狀。**
- **用粗框線圈起各步驟，增加它們的存在感。**

各步驟看起來很不明確

制定經營計畫的順序

市場分析
- 市場規模分析
- 掌握市場動向
- 了解顧客需求
- 分析競爭對手

自我分析
- 掌握優、缺點
- 分析經營狀況
- 分析問題

事業目標
- 事業的方向性
- 事業領域再檢討
- 設定目標數據

行動計畫
- 策略具體化
- 實施方法

改善範例

用粗框線與易懂的箭頭使結構更明確

制定經營計畫的順序

市場分析
- 市場規模分析
- 掌握市場動向
- 了解顧客需求
- 分析競爭對手

自我分析
- 掌握優、缺點
- 分析經營狀況
- 分析問題

事業目標
- 事業的方向性
- 事業領域再檢討
- 設定目標數據

行動計畫
- 策略具體化
- 實施方法

1 準備

2 「圖」的功能

3 製圖

4 範例集

常見的失敗範例
行程表的圖解要以時間軸為主

可以為讀者做的事
站在對方的立場
思考資訊呈現的主軸

　　一般人很容易會覺得，應該以時間為主軸來製作行程表，但是也有不適用的情況。請看「**失敗範例**」。

　　如果是要考 2 級測驗，你覺得這張圖好懂嗎？

　　其實你可以思考，應該怎麼配置會讓你最容易讀取資訊。應該不是「這個月會舉辦哪一級的測驗」，而是「什麼時候會舉辦 2 級測驗」才對。所以你要掌握的應該不是「時間」，而是「級數」。

　　對方思考的順序會成為你製作圖解的線索。

　　「**改善範例 1**」是以「級數」為主軸的圖。這樣做可以改變你觀看的角度。

　　但是，如果要直覺掌握測驗舉辦的頻率，「**改善範例 2**」會比較恰當。這樣比較容易看出整年度的測驗行程表。

　　然而如果是要給測驗人員看的預訂表，那麼「失敗範例」的圖可能反而比較方便，因為此時「時間」的資訊就比「級數」來得重要。

改善重點

- 把主軸從「時間」改成「級數」。

- 把測驗的有無做得更明確，讓人可以直覺掌握測驗的舉辦頻率。

容易使讀者產生誤解的圖示

檢定測驗　舉辦時間

3月：3級、2級

5月：3級

7月：3級、2級

10月：3級

12月：3級、2級、1級

改善範例

圖解的主軸改變，觀看的角度也不同了

1

檢定測驗　舉辦時間

1級	12月
2級	3月、7月、12月
3級	3月、5月、7月、10月、12月

2

檢定測驗　舉辦時間

	3月	5月	7月	10月	12月
1級	–	–	–	–	○
2級	○	–	○	–	○
3級	○	○	○	○	○

放大並簡潔標示想要讓讀者比較的數字

可以為讀者做的事

要呈現數量時
以圖示方式更能快速理解

用視覺方法傳達「數量」時，用長條圖會是一個好方法，但是如果要搭配地圖等圖形元素說明時，該怎麼辦呢？

請看右邊的**「失敗範例」**。這是用地圖表示各地區人口的圖解。雖然用了數字表達規模，但是沒辦法立刻感受到數量的多寡。用數字很難直覺傳達分量。

長條圖雖然可以用視覺來傳達數據差異，但是在這個情況下卻不適用。那麼有什麼好方法嗎？

請看**「改善範例」**。

這是用圖示搭配各地區人口規模的圖解。這種表示方法能讓對方實際感覺到數量。

像這樣活用圖示的方法，就算在畫面中資訊分散於各處，還是很容易了解最大值與最小值等資訊。

當這個資訊進入對方視線時，因為用數字表示了很難傳達的「數量差異」，對方很快便能理解。

改善重點

- **不僅要標示數字，還要加上能表示數量的圖示。**
- **圖示的擺放方式要讓人便於計算數量。**

只用數字表示，抓不到數量的感覺

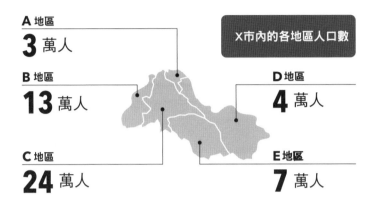

 改善範例

用圖示表示數量，可以更直覺傳達

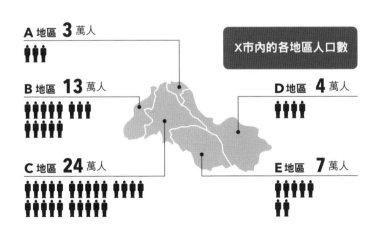

時間軸用時鐘的方式呈現，會很清楚易懂

可以為讀者做的事
比起思考特殊的呈現方式，
更應該聚焦在「變化的數據」上

　　常常會看到用時鐘比擬時間軸的圖解，可是**「失敗範例」**就是一個不適當的例子。

　　第一，時鐘的指針走一圈只有十二小時，硬把二十四小時塞進圖中便不適合用時鐘呈現。六點應該在最下面，而三點應該在右邊才對。

　　這樣的方式已經完全「走鐘」了，用時鐘來呈現反而會增加不必要的困惑。

　　第二，如果主題是要表示不同時間帶的費用，那麼直接傳達數量會更好。試著改善這個問題就變成下面的**「改善範例」**。

　　「改善範例」中，時間軸為橫軸，費用單價為縱軸。費用單價的差異用折線圖表示，這樣可以直接傳達規模的感覺。

　　你的呈現方式是否有發揮它的功能？是否有聚焦在主題上呢？

　　製作圖解時只要檢視這些問題，便能更快找到解決方法。

改善重點

- 把比擬成時鐘的圓形時間軸改成水平線。
- 費用差異改成更能直覺傳達的折線圖。

失敗範例

很難比較各元素的實際數量

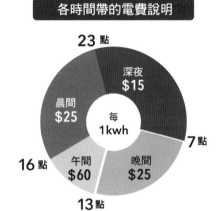

各時間帶的電費說明

 改善範例

把焦點放在比較元素上，可以實際感受到差異

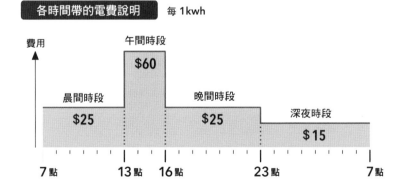

有共同項目的資訊一律使用一覽表

 可以為讀者做的事
如果重點不在於比較，
讓各項目個別呈現較好

如果想要比較多個共同資訊的話，使用一覽表的確效果很好。

但是，如果你的重點不在於此，就只會給人枯燥乏味的印象。

請看「**失敗範例**」。失敗範例是研討會資訊一覽表。看內容就知道，這並不是需要慎重比較與檢討的資訊類型。這種時候就會產生一覽表特有的無聊印象，其中的資訊也不會讓人留下印象。

請看接下來的「**改善範例**」。它是把一覽表分解後，將各研討會獨立表示的圖解。首先是用對比的視覺感強調研討會名稱與日期，只要先找到自己有興趣的部分，之後再看詳細內容即可。

順序與表示方法有一貫性，在比較時也能減少疑惑。

像這樣把各研討會以「商品」的感覺來呈現，也更容易看到整體。

改善重點

- **把一覽表改成獨立的表示方式。**
- **讓表示方式有一貫性。**

重點倘若不在比較，一覽表便會顯得乏味

商業戰略研討會

研討會	概要	日期	會場	人數	費用
行銷	有效率地提升顧客滿意度，學習「銷售原理」的理論。	5 月 27 日（五）19：00-21：00	會議室 804A	24 位	18,000 日圓
財經	從投資理論與企業金融理論的商業面學習基本金融體系。	5 月 29 日（日）10：00~12：00	會議室 1102C	30 位	12,000 日圓
會計	企業對外負責的技巧與公開資訊的方法論等會計知識。	6 月 12 日（日）10：00~12：00	會議室 408F	30 位	12,000 日圓
人才管理	從經營目標與自我實現兩方面學習人才管理的戰略技巧。	6 月 26 日（日）10：00~12：00	會議室 408F	40 位	12,000 日圓

 改善範例

各項目分開表示，對整體會更有概念

商業戰略研討會

行銷 5/27

有效率地提升顧客滿意度，學習「商業結構」的理論。

日期：5月27 日（五）19:00-21:00
費用：18,000 日圓
名額：24名
教室：會議室 804A

財經 5/29

從投資理論與企業金融理論的商業面學習基本金融體系。

日期：5月29 日（日）10:00-12:00
費用：12,000 日圓
名額：30名
教室：會議室 1102C

會計 6/12

說明責任負責技巧，資訊開示的方法論等會計知識。

日期：6月12日（日）10:00-12:00
費用：12,000 日圓
名額：30名
教室：會議室 408F

人才管理 6/26

從經營目標與自我實現兩方面學習人才管理的戰略技巧。

日期：6月26日（日）10:00-12:00
費用：12,000 日圓
名額：40名
教室：會議室 408F

為了強調商品而故意不用一覽表

可以為讀者做的事
有重要的細節項目要比較時，就要用一覽表

　　如前頁所介紹，個別表示商品可以更容易掌握商品的概念。但如果重點是資訊比較的話，那麼不只要把重點擺在特性上，還要利用一覽表的功能，因為這樣可以方便做比較。

　　首先請看「**失敗範例**」。因為資訊是以商品做分類與整理，因此比較工作就變得複雜。雖然表示方法有一貫性，可是每個資訊都是獨立的，很難同時掌握不同類別的資訊。

　　接著請看「**改善範例**」。所有的項目都排成一列，用指尖便可比較所有資訊。

　　一覽表的最大優點就是可避免讀者漏看與誤解。

　　比方說，當你覺得某兩個商品的價差很大時，便可以詳細比較它們的細節。

　　如果可以立刻了解差異在哪，就能了解為什麼有這樣的價差（或者感到不滿）。

　　相反的，就算對方取得了「客觀判斷的材料」，如果比較工作很繁雜，就會妨礙正確的判斷。

改善重點

- **不要用個別獨立的形式，改成有一覽功能的形式。**
- **要把共同的資訊項目改成可以用指尖比較的配置方式。**

細節項目散在各處就會難以比較

本公司最新業務用印表機

商品編號 **MN-1200**	商品編號 **MN-1600**	商品編號 **MN-4200**
費用(黑白1張) **3.2**日圓 / 速度 **32**張/分鐘	費用(黑白1張) **3.2**日圓 / 速度 **43**張/分鐘	費用(黑白1張) **3.8**日圓 / 速度 **32**張/分鐘
費用(彩色1張) **15.9**日圓 / 雙面列印 **有**	費用(彩色1張) **16.2**日圓 / 雙面列印 **選擇**	費用(彩色1張) **12.2**日圓 / 雙面列印 **選擇**

改善範例

把各個細節項目並排，會更方便比較

本公司最新業務用印表機

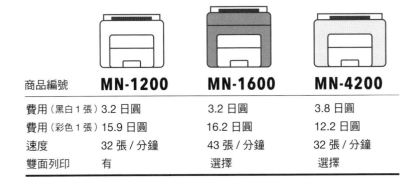

商品編號	MN-1200	MN-1600	MN-4200
費用（黑白1張）	3.2 日圓	3.2 日圓	3.8 日圓
費用（彩色1張）	15.9 日圓	16.2 日圓	12.2 日圓
速度	32 張 / 分鐘	43 張 / 分鐘	32 張 / 分鐘
雙面列印	有	選擇	選擇

1 準備

2 「圖」的功能

3 製圖

4 範例集

常見的失敗範例
選用插圖時，以「感覺」為優先

可以為讀者做的事
確認你想到的概念
是否真的適合主題

當我們看簡報或手冊時，常常會看到不合邏輯的插圖。

請看**「失敗範例」**。這張圖是表示某個課題的判斷基準，再參考了實際的例子所製作的。

這張圖給你什麼印象？並非完全看不懂他想要表達什麼，但是應該也說不出可以從中得到什麼吧。

面積的比例問題與重複部分不明所以的地方等，仔細看會發現這張圖有很多問題。

但是問題的根本在於「太依賴感覺製圖」。

只要仔細思考，每個人都會注意到問題點，但是不去正視問題才是失敗的原因。很多人會很有自信地說：「要是我的話才不會犯這種錯誤。」但是，**「失敗範例」**就是用實際存在的例子所製作。這是大家都有可能陷入的盲點。

請看**「改善範例」**。這是一張很單純的圖，但是只要這樣分類，就能降低誤會的情況發生。這是冷靜思考後就能立刻想到的形式。

圖解完成後先放一段時間，稍後再次確認，才比較容易找出問題點。

改善重點

- **再次檢討自己腦中的想法是否真的適當。**
- **修改呈現方式，刪除曖昧不明的部分。**

失敗範例

單憑感覺做圖，訊息就會變得支離破碎

A 公司的投資方針 1
判斷材料與比例

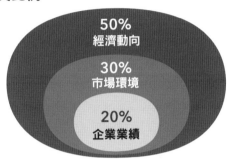

 改善範例

整理想傳達的內容，選擇適合的呈現方式

A 公司的投資方針 1
判斷材料與比例

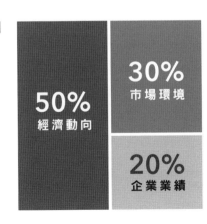

常見的失敗範例
當文字內容很單純時，就只用文字傳達資訊

可以為讀者做的事
除了文字，
還可以增加記號

　　請看「**失敗範例**」。這是表示營業日期的一覽表。因為是用簡短的文字整理，製作的人覺得「這樣應該很清楚了」。

　　但是，就觀看的一方來說，乍看之下都一樣。只用文字表示常會發生這種情況，無法一眼就能理解訊息的意義。就算文字不同，但是字體大小與顏色都一樣，便很難找出差異。

　　請看「**改善範例**」。改善範例降低了文字的存在感，並且加上符號，從顏色與形狀就可以清楚看出差異。這麼做便能夠不依賴文字，直覺掌握資訊。

　　資訊的製造方與接收方的觀看角度不同。

　　這是因為需要的知識質量不同。

　　如果是要表示差異的話，就要讓差異看起來更加明顯。最好是只看 0.5 秒就可以分辨出來的程度。

改善重點

- 改變只用文字傳達資訊的方式，並且加上記號。
- 記號的顏色與形狀要有明顯的差異。

失敗範例

單純只用文字，區別不夠明顯

新年前後的營業時間

12/29	12/30	12/31	1/1	1/2	1/3	1/4
營業	營業	休息	休息	休息	休息	營業

 改善範例

使用差異很明顯的符號

新年前後的營業時間

12/29	12/30	12/31	1/1	1/2	1/3	1/4
○	○	—	—	—	—	○
營業	營業	休息	休息	休息	休息	營業

常見的失敗範例
花心思設計記號讓對方產生親切感。

可以為讀者做的事
使用每個人都知道的記號
與容易辨別的記號

　　請看「**失敗範例**」。這是太執著於做出讓對方有親切感的圖解，成品卻反而不好理解的例子。

　　三種記號的形狀很相似，乍看之下完全無法分辨，因此必須細細閱讀圖表。這樣也很容易產生誤會。

　　雖然認真做出「親切感」也很重要，但是絕不能犧牲「簡單易懂」的部分。

　　優先使用的記號應該是每個人都知道，而且可以立刻辨別的記號。

　　現在來看「**改善範例**」。使用的是日常生活中常見的記號。由於記號容易分辨，所以不說明記號的功能也能讓所有人理解。你應該也可以立刻得知◎是「相容性最佳」的意思。

　　但是，必須注意「◎、○、△」等記號是日本特有的用法，其他國家不一定也能理解。

　　面對國際市場時，要記得先查詢自己使用的符號是不是與國外通用。

改善重點

- **使用大家都看得懂的記號。**
- **使用可以快速辨別的記號。**

失敗範例

不好分辨的記號可能會造成誤會

資訊管理系統相容性

☺ 相容性最佳
😐 可相容
😣 不相容

	系統 V	系統 W	系統 X	系統 Y	系統 Z
系統 A	😐	😣	☺	😐	😐
系統 B	😐	☺	😣	😐	😣
系統 C	😐	😣	😐	😣	☺
系統 D	☺	😐	😣	☺	😣
系統 E	☺	😣	😐	😣	😐

改善範例

使用大家都看得懂並能立刻辨別的記號

資訊管理系統相容性

◎ 相容性最佳
○ 可相容
— 不相容

	系統 V	系統 W	系統 X	系統 Y	系統 Z
系統 A	○	—	◎	○	○
系統 B	○	◎	—	○	—
系統 C	○	—	○	—	◎
系統 D	◎	○	—	◎	—
系統 E	◎	—	○	—	○

1 準備

2 「圖」的功能

3 製圖

4 範例集

常見的失敗範例
用聰明的記號對照資訊

可以為讀者做的事
不要使用記號對照表
以直覺理解的形式為目標

使用記號對照資訊表的圖解很常見。

這是一種需要逐一確認「這個記號是代表某某意思」的表記法。這種表記法很常見，像地圖就是其中之一。

但是，對照的動作對看的人來說很麻煩，也有可能會產生誤會與誤解。

請看**「失敗範例」**。這是使用四種記號表示不同功能項目的圖解。記號本身並沒有任何涵意，因此必須先一一對照、確認記號的意思，才能理解內容構造。

像這樣的「非必要步驟」應該能省則省。

接著請看**「改善範例」**。這是把一覽表擴張的圖解，改成可直接從項目確認類別的方式。不需要多花力氣對照記號的意義，就可以順暢地確認內容。

想辦法讓對方輕鬆一點，就能減少混亂與誤會的風險。

改善重點

- **修改記號對照資訊的方式，用單一圖表呈現。**
- **表示符合的項目很明確，不符合的項目也很清楚。**

必須對照記號表才能知道意思

新系統中的各軟體機能

系統 ST	ST6 Connect	▲ ■
	ST- N567	▲
	ST- Extra	■ ●
系統 B	NX-GR92	▼
	NX-HbB53	▼
	NX-GGQ	■
系統 C	RT-ZVN	●
	RT-Center	● ▼
	RT-SEC	● ▼

▲ 照片圖像處理
■ 文件管理
▼ 軟體管理
● 網站資訊管理

不用對照就能確認的方式可避免誤解

新系統中的各軟體機能

		照片圖像處理	文字管理	軟體管理	網站資訊管理
系統 ST	ST6 Connect	●	●	—	—
	ST- N567	●	—	—	—
	ST- Extra	—	●	—	●
系統 B	NX-GR92	—	—	●	—
	NX-HbB53	—	—	●	—
	NX-GGQ	—	●	—	—
系統 B	RT-ZVN	—	—	—	●
	RT-Center	—	—	●	●
	RT-SEC	—	—	●	●

1 準備

2 「圖」的功能

3 製圖

4 範例集

常見的失敗範例
數據一覽表的數字全部整齊地靠左對齊

可以為讀者做的事
原則上，數據要靠右對齊，
單位則是靠左對齊

當你要配置一覽表中的數據時，有一個必須遵守的原則，就是數據與單位的關係。

請看「**失敗範例**」。圖表中的數據全部都是靠左對齊，會讓人覺得有點難以判讀，原因就在「數據與單位的相對位置」中。

現在來看「**改善範例**」。雖然是完全相同的資訊，但是看起來卻比原本的好讀許多。

不同處有兩個，一個是數據靠右對齊，另一個是單位靠左對齊。**也就是說，以數據與單位中央為界，左右對稱配置數據與單位。**

因為我們習慣上會把數據靠右比較，單位與數據分開會比較好判讀。

另一方面，單位與項目都靠左對齊很重要。

雖然是小細節，卻有很多人不小心遺漏。

製作數據表時，請確認數據與單位的位置。

改善重點

- **數據表記改成靠右對齊。**
- **單位表記改成靠左對齊。**

失敗範例

數據靠左對齊令人難以閱讀

A 地區的農產品產量

舞菇	800t
松茸	50t
栗子	3,00t
核桃	70t
竹筍	13,700t
木炭	3,500t
生漆	450kg
桐材	$1,400m^3$

改善範例

數據和單位對稱配置比較容易閱讀

A 地區的農產品產量

舞菇	800 t
松茸	50 t
栗子	3,00 t
核桃	70 t
竹筍	13,700 t
木炭	3,500 t
生漆	450 kg
桐材	$1,400 \ m^3$

常見的失敗範例
共同資訊的配置位置可以很隨意

可以為讀者做的事
共同資訊要擺在
可以傳達資訊的位置

　　請看「**失敗範例**」。你看得出來「可微波」這句話是指哪一項商品嗎？

　　我想你應該回答得出來，這句話是同時針對三個商品所說。這三個商品的規格相同，差別只在於大小，所以不可能只有最小的商品可以微波。

　　但是，總覺得這種呈現方式應該還有改進的空間，因為觀者不能百分之百確定，還帶有一絲不安。如果你是消費者，我想你一定想確認是不是所有商品都是「可微波」的。

　　現在來看「**改善範例**」。改善範例是修改「可微波」的文字配置。**只要把文字放在「誰看了都不會誤會的位置」，就會有很大的不同。**

　　把每一項資訊屬於哪一個位置標示清楚，會對理解產生很大的影響。

　　希望你可以把這件事放在心上。

改善重點

- **為了讓資訊的範圍更加明確，改變了文字的位置。**
- **改變線的粗細，可清楚區分「內外」。**

失敗範例

資訊範圍不明確，會讓人感到不安

食品保鮮盒 淺型 slim 系列

N-235-1

W208×D145×H44mm

PES

0.8 公升

120℃～-20℃

可微波

N-235-2

W252×D188×H48mm

PES

1.4 公升

120℃～-20℃

N-235-3

W290×D228×H57mm

PES

2.4 公升

120℃～-20℃

改善範例

只要調整文字配置就能消除不安

食品保鮮盒 淺型 slim 系列

可微波

N-235-1

W208×D145×H44mm

PES

0.8 公升

120℃～-20℃

N-235-2

W252×D188×H48mm

PES

1.4 公升

120℃～-20℃

N-235-3

W290×D228×H57mm

PES

2.4 公升

120℃～-20℃

常見的失敗範例
表示範圍的一覽表用分割線區隔看起來很井然有序

可以為讀者做的事
用顏色深淺區分範圍，
看起來更清楚

有很多表示範圍的一覽表會用分割線的技巧，但是只用分割線製圖，有時候會很難看出範圍。

請看「**失敗範例**」。這是表示時間範圍的一覽表。雖然分割線給人井然有序的印象，但是總覺得時間區分很不明顯，為什麼呢？

因為沒辦法透過視覺清楚理解範圍。

請看「**改善範例**」。改善範例在相鄰的時段用不同顏色做區隔。

只是這麼做，時間範圍是不是就突然變得很清晰？

帶狀範圍一般都會用顏色或深淺上色，讓整體畫面更好辨識。比方說，緊鄰的區塊用不同深淺的色塊。這個方法可以活用在黑白列印等情況，這樣便不會受到顏色的限制。

另外，改善範例的下半部分比較複雜，所以多加了時間刻度，這樣資訊就不會離時間刻度太遠，能夠避免看錯。

改善重點

- **不僅用線條，還用顏色深淺劃分範圍。**
- **圖表的下半部分比較複雜，所以多加了刻度。**

失敗範例

只用細線劃分範圍，會看得很吃力

各活動區域的負責時間

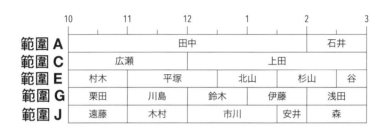

改善範例

修改深淺與時間刻度的位置，就能更容易掌握範圍

各活動區域的負責時間

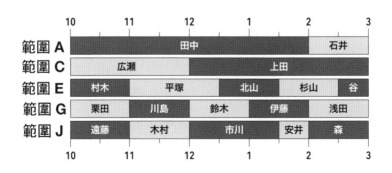

1 準備

2 「圖」的功能

3 製圖

4 範例集

常見的失敗範例
放上製作精美整齊的圖例

可以為讀者做的事
不要別外製作圖例，
直接把內容寫在圖表上

你應該很常看到整齊放在圖表旁的圖例吧。

乍看之下好像美觀又有條理，但是這樣的圖表大多很難判讀，因為你必須多花時間對照圖例與圖表的顏色。

也有很難對照顏色的情況。像是顏色的濃淡只有微妙的差異時，就會很難判斷。

「**失敗範例**」就是典型的例子。一般都是把圖例另外放在圖表右側，這樣不小心看錯公司名稱也不能怪別人。讓人產生誤會，可以說是製作圖表中最要不得的情況。

接下來請看「**改善範例**」。假設這個圖表的主題是「表示本公司目前的情況」，為了確實傳達本公司的市占比例，就用深色表示，還另外寫上名稱與數據。另外，其他公司的名稱也直接寫在圖表上。

這樣，對方就不需要來回對照圖例與圖表的顏色，也就不會產生誤會。

盡量不要讓對方花時間力氣對照，就能提升傳達效率。

改善重點

- 不要另外附上圖例，直接寫在圖表上。
- 只強調想傳達的部分。

失敗範例

製作了圖例就得對照名稱，閱讀變得很困難

商品的市場占有率

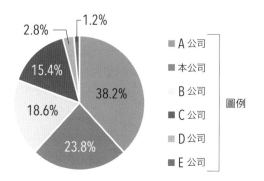

1.2%
2.8%
15.4%
18.6%
38.2%
23.8%

■ A 公司
■ 本公司
B 公司
■ C 公司
D 公司
■ E 公司
圖例

 改善範例

直接把內容寫在圖表上，會更好閱讀

商品的市場占有率

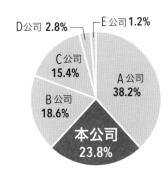

D公司 2.8%　E 公司 1.2%
C公司 15.4%
B公司 18.6%
A 公司 38.2%
本公司 23.8%

可以用圓的大小比較規模

可以為讀者做的事
不要用圓的大小來表示規模，
這種情況用長條圖會更好

有一些圖表會用圓的大小來比較規模，因為形狀像泡泡，所以被稱為是泡泡圖（bubble chart）。也許有些人沒聽過這個名字，但一定看過這樣的圖表。

請看「**失敗範例**」。這是用泡泡圖表示事業規模的圖表。

這張圖只能給人「很大、很小」這種抽象的概念，若沒有寫上數字，根本不知道大小的差距有多少。不寫數字就看不出差距的圖表，有跟沒有一樣。

接著請看「**改善範例**」。這是用長條圖來比較的圖表。從圖表就能立刻知道半導體事業比家電事業大兩倍以上，而產業系統事業比家電事業大 1.5 倍以上。

用泡泡圖來比較簡單的數據，只會得到模糊的資訊。

要表示規模就用長條圖。雖然很樸素，但是這樣能提升對方的理解度。

改善重點

- 把泡泡圖改成長條圖。
- 用長條圖可以直覺又具體地理解內容。

失敗範例

用圓的大小很難比較數據

各事業業績

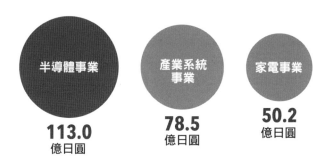

半導體事業 **113.0** 億日圓

產業系統事業 **78.5** 億日圓

家電事業 **50.2** 億日圓

 改善範例

用長條圖，差距就能一目瞭然

各事業業績

半導體事業	**113.0** 億日圓
產業系統事業	**78.5** 億日圓
家電事業	**50.2** 億日圓

1 準備

2 「圓」的功能

3 製圖

4 範例集

常見的失敗範例
用長條圖仔細表示多項數據的變化

可以為讀者做的事
要傳達多項資訊時，
選擇適合的圖表並精選主題

　　用長條圖來表示多項數據成長常常達不到效果，這是因為主題不明確的緣故。

　　我們來看**「失敗範例」**的圖表。根本看不出來這張圖想要傳達哪一個企業的哪一項資訊，只看得出所有的企業整體都有成長，以及某幾個企業有顯著的成長等。

　　每個人可能會有不同的看法，這就是產生誤解的原因。

　　<u>找到主題，並專注於傳達主題。</u>

　　請看**「改善範例」**。這是以「A公司有平穩成長」為主題的例子。這樣可以清楚傳達A公司與其他公司相比之下成長十分穩定。把主題放在「A公司的成長」上的話，就算其他的折線部分有重疊也不是問題。

　　<u>選定主題，找到一個最能清楚傳達主題的圖表。</u>

　　然後，再用一些方式讓對方可以聚焦於主題上。

改善重點

- 折線圖會比長條圖更能清楚傳達主題。
- 想聚焦在特定主題時，可以將折線加深加粗。

用長條圖很難看出多項數據的變化

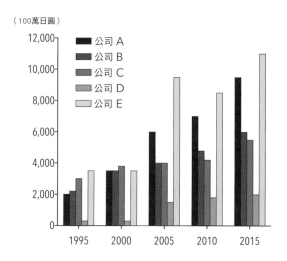

改善範例

折線圖可以簡潔地傳達數字變化

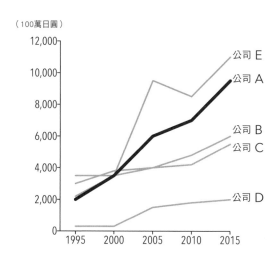

常見的失敗範例
用立體圓餅圖可以豐富畫面

可以為讀者做的事
用平面圓餅圖，
絕對不要用立體圖表

也許你會覺得用立體圖表可以加深印象，資料也會更有說服力。

但是，最好不要使用立體圖表，因為這很容易造成對方誤解。

請看**「失敗範例」**。你覺得「20 多歲」與「30 多歲」哪個項目比例較高？

正確答案是「20 多歲」。但是因為「30 多歲」可以看到圓柱的側面，所以會覺得比例較高。

「改善範例」的平面圓餅圖就不會發生這種問題。

也有人故意使用立體圖表的特點，把自己想強調的資訊放在最前面。

但是這種小手段只會增加對方的防衛心理，對方不僅不會受騙上當，還會覺得反感。

不僅是圓餅圖，我們也很常看到立體的長條圖，這些都很難傳達正確的數據，只會留下模稜兩可的印象。

所以，絕對不要用立體圖表。

改善重點

- **把立體圖表改成平面圖表。**
- **想要強調的部分可以調整顏色與字體大小。**

失敗範例

立體圖表會給人模稜兩可的印象

本公司的客群

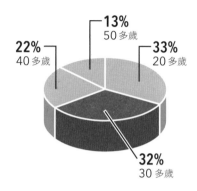

改善範例

平面的圖表易於正確掌握資訊

本公司的客群

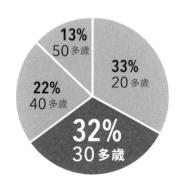

常見的失敗範例
用立體長條圖可以呈現出先進的感覺

可以為讀者做的事
使用平面長條圖
才能傳達正確的數據

　　立體長條圖會讓數據變得模糊。你看「**失敗範例**」就會了解，每個人對圖表數據的理解會很不一樣。就跟立體的圓餅圖（請參考前頁）會出現的問題一樣，可能會扭曲真實的數據。

請絕對不要用立體圖表。

　　再來，以視覺設計的觀點來評論，這種程度的圖表根本沒有先進的感覺。

不僅製作的人費工，閱讀的人也很費力，所以這是一種不論對製作還是觀看的人都沒有好處的圖表。

　　接著請看「**改善範例**」。這是一張很平凡的平面長條圖。

　　但是對於想要客觀掌握狀況的人來說，十分好理解，也不存在其他解釋的空間。

　　另外，每個長條都寫上了數據。事先放上數據，就不用擔心看的人會因為要來回對照而看錯。

改善重點

- **把立體長條圖改成平面圖表。**
- **在每個長條上寫上具體數據。**

立體長條圖的數據曖昧不清

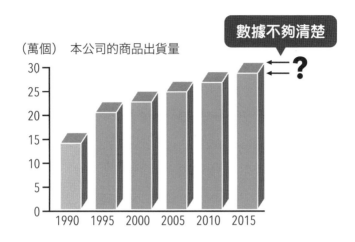

改善範例

使用平面長條圖，在上面寫上數據

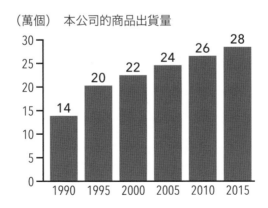

常見的失敗範例
重疊折線圖與長條圖可以強調相對關係

可以為讀者做的事
不重疊圖表，
也能傳達數據的關聯性

　　我每天都可以看到以重疊折線圖與長條圖來表示關聯性的圖解，實際上不要重疊反而更容易傳達資訊。

　　請看右邊的「**失敗範例**」。每次看這種圖表我都會很困惑，到底應該看左邊還是右邊的數據刻度？實在很難直覺理解。

　　有兩個不同刻度會讓圖變得複雜，並且妨礙閱讀判斷。真的有需要重疊兩個圖表嗎？

　　左右的刻度本來就是隨作者喜好自由變更、隨意製作的部分，可以說很少會因為圖沒有重疊而變得不正確。

　　請看「**改善範例**」。改善範例把折線圖與長條圖上下分離。這樣做還是可以正確理解兩個圖表之間的關聯性，修改後圖也變得比較簡單，可以直接在長條與折線圖上標記數據。

　　這樣就不會因為左右不同的數據刻度而感到困惑。

改善重點

- **分開表示折線圖與長條圖。**
- **直接在折線圖與長條圖上標記數據。**

失敗範例

重疊圖表很難理解刻度

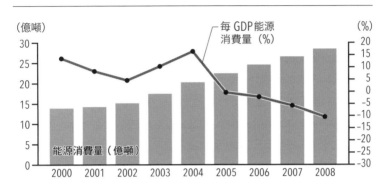

A 國的能源消費量與每 GDP 能源消費量

改善範例

不用重疊還是可以看出相對關係

A 國的能源消費量與每 GDP 能源消費量

常見的失敗範例
百分比長條圖鄰近的區塊要用不同顏色表示

可以為讀者做的事
要突顯出趨勢時，
反而要用一樣的顏色

　　當你要比較許多百分比長條圖時，要把各部分的顏色效果做出來，才能更精準的傳達主題。不論是黑白還是彩色，用顏色或深淺讓資訊變成「區塊」，這樣才能呈現出整體的方向。

　　首先，請看「**失敗範例**」。相鄰的部分選用明顯對比的顏色標示，雖然各部分的數據很清楚，整體的傾向卻很籠統。

　　現在來看「**改善範例**」。主題設定是「哪一個項目很受歡迎，哪一個項目乏人問津」。

　　這個圖表中有些相鄰區域用了一樣的顏色，但是可以看出最左邊的區域是聚焦在「非常滿足、滿足」，相對的，最右邊的區域是聚焦在「不滿、非常不滿」。

　　像這樣活用顏色的深淺效果，可以明顯表示出隱藏在其中的趨勢。

改善重點

- **「正面反應」與「負面反應」。**
- **相鄰的區域用一樣的顏色，可以突顯出趨勢。**

失敗範例

雖然可以清楚看出每個數據，卻看不出整體的趨勢

新項目滿意度調查結果

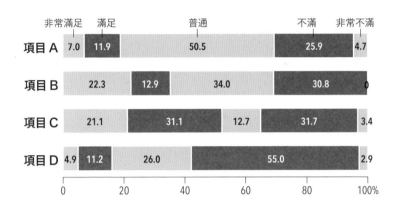

改善範例

調整顏色或深淺度能同時傳達出趨勢

新項目滿意度調查結果

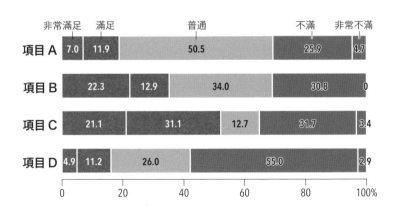

常見的失敗範例
毫無保留的拿出所有資料來說服別人

可以為讀者做的事
為了能優先傳達主題，
應該要控制訊息量

　　如果直接拿出你現有的資料給對方看，就很難傳達主題。

　　因為一定會有很多不重要的小細節會妨礙你。

　　請看「**失敗範例**」。這張圖的主題是「A 國進口貿易夥伴中多了 A 國後的變化與狀況」。仔細看應該就會知道。

　　但是這張圖表卻沒辦法立即理解。對方真的有必要知道這些繁雜的出口國嗎？如果你只是要傳達「進口對象從先進工業國家改成新興國家的變化」，那麼應該可以想一個更簡單的圖表。

　　接著請看「**改善範例 1**」，把所有元素統整成「新興國家、先進工業國家、其他」三種，用最少的資訊就能傳達主題。如果想更加簡化圖表，可以參考「**改善範例 2**」的圖表。

　　當然，也要看主題的內容是否適合，如果不需要詳盡的說明，附上正確的數據資料有時反而會妨礙理解。請注意這一點。

改善重點

- **要盡量以最少的資訊傳達主題，並且統整資訊。**
- **只有必要的資料才需要製作成圖表。**

失敗範例

完整詳細的數據有時候會太過繁雜

A國的進口貿易夥伴加入新興國家後的變化

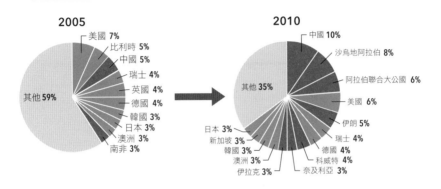

改善範例

只呈現必要的資訊，讓畫面變單純

A國的進口貿易夥伴加入新興國家後的變化

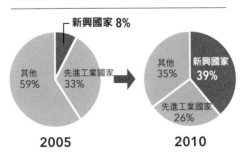

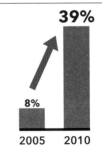

A國的進口貿易夥伴
加入新興國家後的變化

39%

8%

2005　2010

常見的失敗範例
時間走向都是從左到右排列

可以為讀者做的事
在數據一覽表中，
把要比較的數據縱向排列

　　在製作折線圖與長條圖時，時間軸的設定通常都是由左向右表示，很多人也因此認為，數據一覽表的時間軸也應該要橫向表示，但是這未必是正確的。

　　<u>因為縱向排列會比較容易比較數據。</u>

　　第 130 頁開始有更詳細的說明，希望你有空的時候可以再次複習。

　　在一覽表中，希望對方比較的數據要縱向排列。也就是說，要縱向排列還是橫向排列，必須依主題而定。

　　請看「失敗範例」。時間軸設定為橫向，可是主題是要表現出隨著時間變化的數據，這樣一來主題與表現方法就不吻合。

　　改成「改善範例」的配置，可以更容易看出各業界的時間變化。

　　數據一覽表很難直覺理解。根據你設定的主題內容，如果可以改成折線圖或長條圖的話，應該會更有效果。

改善重點

- **重新思考哪一個才是要讓對方比較的數據。**
- **因為要強調各時期的數據比較，把圖表的橫向與縱向內容互換。**

失敗範例

需要互相比較的數據橫向排列會比較難以理解

法人物價指數變化　以總務省統計局（2008）資料製成

	2000	2003	2004	2005	2006
金融保險	100	98.4	97.8	97.6	**98.0**
不動產	100	95.3	92.5	90.8	**90.2**
運輸	100	100.8	103.4	103.8	**104.9**
大眾傳播	100	88.5	87.2	86.2	**85.7**
廣告	100	96.9	97.5	97.8	**96.6**

改善範例

數字縱向排列可以清楚看出變化

法人物價指數變化

	金融保險	不動產	運輸	大眾傳播	廣告
2000	100	100	100	100	100
2003	98.4	95.3	100.8	88.5	96.9
2004	97.8	92.5	103.4	87.2	97.5
2005	97.6	90.8	103.8	86.2	97.8
2006	**98.0**	**90.2**	**104.9**	**85.7**	**96.6**

以總務省統計局（2008）資料製成

1 準備

2 「圖」的功能

3 製圖

4 範例集

常見的失敗範例
只要資料裡有數據，就一定要做成圖表

可以為讀者做的事
如果要呈現細微的數據變化，可以用數據一覽表來補強

　　有些數據變化如海浪般大起大落，也有些數據變化如平靜的湖面。這種時候，每個人都會把目光放在變化劇烈的數據上，但是卻很少人會注意到細微的變化。

　　首先，請看「**失敗範例**」。A 地區的的數據特別明顯，所以不太會去注意 B 或 C 地區的數據變化。當然，如果你的資訊主題是「A 地區的變化」，那麼這個圖就沒有問題。

　　但是，如果主題設定是「C 地區的業績逐年降低，應該趁早從市場撤退」的話呢？這張圖表有傳達出這個意思嗎？我想應該很難看到圖表就能立刻理解到這點。

　　「**改善範例**」把折線圖的數據改成一覽表，很容易就看出數據逐漸隨時間減少。

　　有時候用數據表補強資訊，反而更好理解。

　　請把這件事放在心上。

改善重點

- **除了折線圖外，一併附上數據一覽表。**
- **在數據一覽表中強調與主題相關的數據。**

有時候把數據做成圖表反而看不出變化

各地區的營業額變化

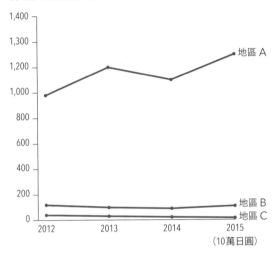

改善範例

數據化之後，變化才看得出來

各地區的營業額變化

	地區 A	地區 B	地區 C
2012	980	120	**40**
2013	1,200	100	**30**
2014	1,100	90	**20**
2015	1,300	110	**15**

(10萬日圓)

1 準備

2 「圖」的功能

3 製圖

4 範例集

可以為讀者做的事
以對方可以輕易理解
的方式呈現

  使用適當的形式呈現，可以順利的傳達資訊，如果使用了別的形式，不僅要花更多時間精力製作，也不見得有效果。

  請看「**失敗範例**」。這是滿意度調查結果的圖表。對於這樣的資訊，觀看的人會著眼於「滿意與不滿意」的比例關係上，但是在這張圖表上卻看不到這點。

  一開始讀者會對突兀的「有點滿意」感到困惑，把所有資訊都看完後，好不容易理解了，又會發現原來大部分的人都只有「有點滿意」而已。只要你的擺放順序是從比例高到低，就無法擺脫這樣的評價。

  請看「**改善範例**」。形式改為長條圖。因為擺放順序是從評價高到低，所以比較能夠掌握整體的調查結果，並且理解到「有六成以上的人給予正面回應」這件事。

  <u>這是改變形式就能清楚理解作者目的的範例。</u>

改善重點

- **把圓餅圖改成長條圖。**
- **把正面回應統合在一起。**

失敗範例

這是可能會給對方否定印象的圖表

問券調查結果分析

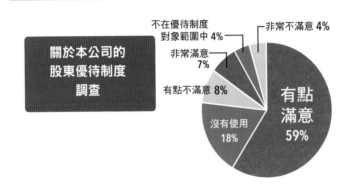

關於本公司的
股東優待制度
調查

不在優待制度
對象範圍中 4%　非常不滿意 4%

非常滿意 7%

有點不滿意 8%

沒有使用 18%

有點滿意 59%

 改善範例

可以輕易理解圖解目的的呈現方式

問券調查結果分析

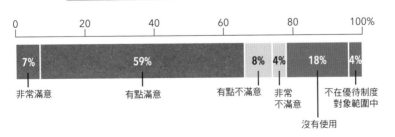

關於本公司的股東優待制度調查

| 0 | 20 | 40 | 60 | 80 | 100% |

7% 非常滿意　59% 有點滿意　8% 有點不滿意　4% 非常不滿意　18% 沒有使用　4% 不在優待制度對象範圍中

215

為了強調主題而放大圖表的某部分

可以為讀者做的事
與其調整大小，
不如另外製作符合主題的圖表

　　我們來看右邊的「**失敗範例**」。看起來好像是一個專業知性的圖表。

　　但是，主題到底是什麼？

　　有三種可能：一、國內營業額與所有國外營業額的比較；二、國內營業額與國外某一地區營業額比較；三、海外地區與某一地區間的營業額比較。有太多種詮釋可能，主題就會很不明確。

　　這張圖表還有一個問題。明明是要比較面積的圖表，卻故意強調部分面積，導致資料被扭曲。

　　「**改善範例 1**」是整理好主題的圖表。左側可以比較國內與國外的營業額，右側則可以比較國外各地區的營業額，並特別強調「亞洲營業額很高」此一訊息。

　　「**改善範例 2**」是比較國內外各地區營業額的圖表，可以看出世界整體的營業額。

　　主題不同，圖表的選擇與呈現方式也會不同。

　　如果有多個主題，可以像這樣，同時以多個圖表來補足資訊，如此一來就能更順利傳達訊息。

改善重點

- 把特殊的變形圓餅圖改成一般的圓餅圖。
- 如果還要傳達其他主題，可以加上長條圖補強。

失敗範例

故意修改圓餅圖面積，資料會被扭曲

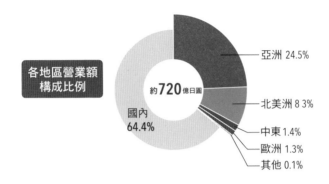

各地區營業額
構成比例

約**720**億日圓

國內
64.4%

亞洲 24.5%

北美洲 8 3%

中東 1.4%

歐洲 1.3%

其他 0.1%

改善範例

如果要傳達多項訊息，可以分開表示

各地區營業額構成比例

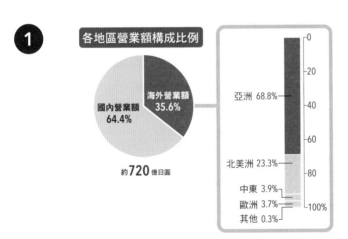

國內營業額
64.4%

海外營業額
35.6%

約**720**億日圓

亞洲 68.8%

北美洲 23.3%

中東 3.9%

歐洲 3.7%

其他 0.3%

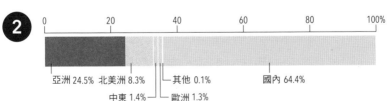

亞洲 24.5%　北美洲 8.3%

中東 1.4%

其他 0.1%

歐洲 1.3%

國內 64.4%

常見的失敗範例
圖表的配置方式看不出意義

可以為讀者做的事
改變圖表的配置，可以清楚傳達主題

製作圖表時，有一件必須特別注意的事。

那就是，「不能把眼前的數據資料直接做成圖表」。

這張圖表要傳達的是什麼？要先決定好這件事才能開始製圖。

請看右邊的「**失敗範例**」。這個圖表是七間店鋪的營業額資料。這是把數字直接輸入 Excel 等軟體就能完成的圖表，然而仔細看還是看不出來想要傳達什麼。

現在來看「**改善範例**」。這裡把長條圖的順序改成由高到低排列。

雖然資訊的內容與「**失敗範例**」完全一樣，呈現出來的感覺卻完全不同。圖表本身並沒有任何指示，或是想要引導你的企圖。

但是，你卻可以立刻比較出名次高低，並且看出具體的差距，還能清楚知道排名。只要把主題帶進圖中，圖就會自己告訴你這些資訊。

改善重點

- **改變排列方式可以立刻看出名次與差距。**
- **把數據最高的部分用深色強調。**

失敗範例

排序方式看不出想要傳達的主題

各分店營業額（千元）

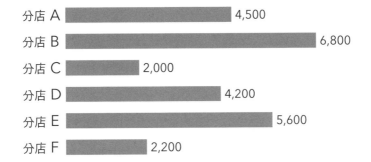

改善範例

把重點聚焦於順序與傾向就能看出主題

各分店營業額（千元）

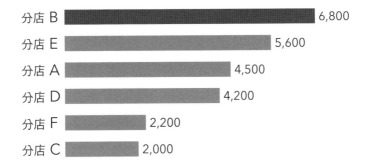

圖表要用插圖才能吸引大家的注意

可以為讀者做的事
使用適當的插圖
才能正確傳達訊息

　　請看「**失敗範例**」。這是用兒童的身高表示貧窮率的圖表，是吸睛且會讓人留下印象的圖。

　　但是，總有一種無法認同的感覺。這是理所當然的。

　　因為貧窮並不是身體的一部分。與身體中的含水量不一樣，要表示每個人的狀況，用身高當作基準根本就搞錯重點。

　　請看「**改善範例**」。這裡使用了一百個兒童圖示，並用顏色來表示比例，這個作法才合乎邏輯。

　　這樣改善後，接收資訊時應該就不會感到不對勁。

　　不管你的插圖多麼有創意，如果弄錯圖的涵意，就無法傳達清楚的訊息，甚至可能會傳達錯誤的訊息。

　　所以，一定要確認資訊內容與圖解意義是否吻合。

改善重點

- **重新檢視資訊與插圖的含義是否吻合。**
- **把表示比例的方式從「身高」改成「人數」。**

失敗範例

弄錯基準，資訊就無法正確傳達

先進國家的兒童貧窮率

居住在 35 個先進國家中的兒童，
有大約 15% 生活在貧困的家庭中，
人數超過 3,400 萬人。

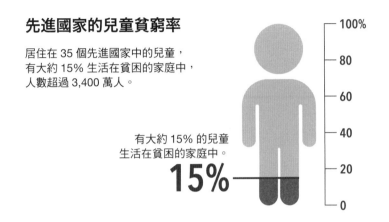

有大約 15% 的兒童
生活在貧困的家庭中。

15%

改善範例

使用合乎邏輯的插圖可以有效率地傳達資訊

先進國家的兒童貧窮率

居住在 35 個先進國家中的兒童，有大約 15% 生活在貧困的家庭中，
人數超過 3,400 萬人。

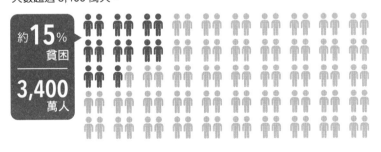

約 **15**% 貧困

3,400 萬人

常見的失敗範例
分數表中只顯示得分

可以為讀者做的事
**在分數表中
同時表示滿分與得分**

　　請看「**失敗範例**」。你應該有在很多場合中看過這樣的評分表吧？購物網站、商品型錄、雜誌或新聞媒體等各種媒介，都很喜歡使用這樣的圖，因為它可以很直接地確認評價，所以你應該也有很多參考的經驗。

　　但是，「**失敗範例**」有一個很大的問題，那就是看不出來滿分是多少。

　　B 商品的大小評價是 5 分，比其他分數來得高。對於讀者來說，可以得知最高分是 5 分嗎？

　　另一方面，右側還留有一點空間，所以你也可以假設這個圖表的最高分是 6 分。像這樣會出現多種解釋方向的評分表，就有可能導致誤解。

　　請看「改善範例」。

　　如果可以像這樣得知「分數上限」的話，就可以清楚得知分數代表的意義。

　　所以，一定要同時表示滿分與得分。

改善重點

- **標示出滿分。**
- **得分的部分用深色表示，分數會更清楚。**

如果不知道滿分是多少便很難正確評價

本公司產品的商品特性

A 商品
商品編號 56-123456

價格	★★★★
速度	★★
使用成本	★★★
大小	★★

B 商品
商品編號 56-123457

價格	★★
速度	★★★★
使用成本	★★★
大小	★★★★★

 改善範例

標示出分數上限，評價會更具體

本公司產品的商品特性

A 商品
商品編號 56-123456

價格	★★★★☆☆
速度	★★☆☆☆☆
使用成本	★★★☆☆☆
大小	★★☆☆☆☆

B 商品
商品編號 56-123457

價格	★★☆☆☆☆
速度	★★★★☆☆
使用成本	★★★☆☆☆
大小	★★★★★☆

1 準備

2 「圖」的功能

3 製圖

4 範例集

常見的失敗範例
把想要強調的部分用粗線框起來

可以為讀者做的事
不只框線，還要強調
長條圖的顏色與深淺對比

　　首先請看「**失敗範例**」。失敗範例中把重要的部分用粗線框起來。你應該也常看到這種強調方法，但是在圖表中加上多餘的元素，反而會削弱印象。

　　因為，加上粗線會讓圖表變得很雜亂。

　　雖然對方看得出來你拚命想強調的意圖，但是這麼做卻會妨礙到整體判讀，因為每一個元素看起來都在強調自己的存在感。

　　請看「**改善範例**」。改善範例移除了粗框線，並調整長條圖的顏色。把想要強調的部分用深色表示，其他的部分則用淺色表示。

　　只要用這個方法，就不用增加多餘的線條，還能讓圖表更容易判讀。

　　有一點要注意，不管你要用顏色還是深淺做區分，都要調整到可以明顯看出差異的程度。

　　不僅要強調重點部分，還要削弱其他部分，讓整體印象更加充實協調。

改善重點

- **用深色強調重點部分。**
- **不須強調的部分統一改成淺灰色。**

失敗範例

用粗線條框起部分圖表，會讓圖表看起來很雜亂

各商品販售數量（個）

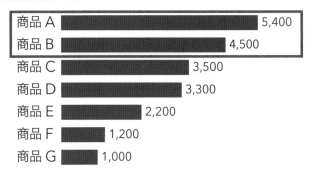

 改善範例

把想要強調的部分與其他部分用顏色與深淺做出對比

各商品販售數量（個）

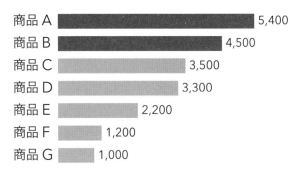

1 準備

2 「圖」的功能

3 製圖

4 範例集

常見的失敗範例
折線圖用像鉛筆般的細線

可以為讀者做的事
調整長條圖的顏色
與線條的粗細

　　請看「**失敗範例**」。這是長條圖與折線圖重疊的圖表。

　　可以的話，希望你盡量分開製作圖表，因為兩張圖疊在一起會很難判讀。比方說，可以上下分開。

　　但是，有些不得已的情況下，實在沒有多餘空間放圖。「**失敗範例**」就是這樣的例子，而某些問題便會因此浮現，像是部分折線圖的存在感太薄弱，直接與背景融為一體。

　　請看「**改善範例**」。改善範例把背景的長條圖改成淺色。面積很大的長條圖就算改成淺色，還是能保有存在感。

　　再來是將線兩端的黑色圓點中心改成白色。利用黑與白的對比效果，不論放在何處都可以很顯眼。另外還加粗了線條，看起來更有力道。

　　希望你可以時常注意與檢視折線圖中點與線的形式與位置是否恰當。

　　這些處理都有助於減少誤會與混亂。

改善重點

- **折線圖兩端的黑色圓點改為中心為白色的圓點。**
- **線段加粗，把背景的長條圖改為淺色。**

失敗範例

顏色與背景同化會難以判讀

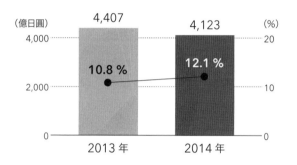

營業額與營業利益率的變化　　●營業利益率

（億日圓）　4,407

4,123　（%）

4,000 ⋯⋯⋯⋯⋯ 20

10.8 %　12.1 %

2,000 ⋯⋯⋯⋯⋯ 10

0　0

2013 年　　2014 年

改善範例

在背景與形狀上再處理一下會更好判讀

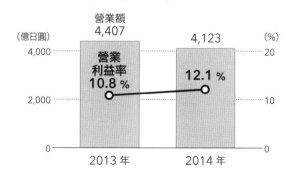

營業額與營業利益率的變化

營業額
4,407

（億日圓）　　4,123　（%）

4,000 ⋯⋯⋯⋯⋯ 20

營業
利益率
10.8 %　12.1 %

2,000 ⋯⋯⋯⋯⋯ 10

0　0

2013 年　　2014 年

1 準備

2 「圖」的功能

3 製圖

4 範例集

227

常見的失敗範例
為了突顯資料內容便簡潔地標記頁數

可以為讀者做的事
清楚標記頁碼
是全部資料中的第幾頁

很少人會在製作資料時注意到頁碼的問題，要等你站在讀者的立場，才會發現頁碼扮演了相當重要的角色。

讀者拿到資料後開始閱讀，一旦開始熟讀，頁碼順序也容易混在一起，每次讀完都要一張一張排好順序。

有時會特別把中間的某頁拿出來看，有時則是把以前的資料抽出來看。

但是，「**失敗範例**」的頁碼標記法會讓讀者產生疑慮：「說不定還有第 5 頁……」

若能知道總頁數，便能消除不確定文件是否齊全的疑慮。

換成「**改善範例**」中的標記法，便能輕鬆知道總頁數，若將頁碼以粗體標記會更清楚。頁碼看起來雖然是細微末節的小事，但對讀者而言也是重要的資訊。

改善重點

- **改善頁碼標記方式，清楚看出總頁數中的第幾頁。**
- **以粗體強調頁碼。**

失敗範例

不清楚資料是否齊全，讓人感到產生疑慮

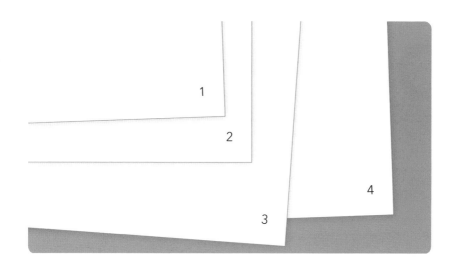

1

2

4

3

 改善範例

知道總頁數便能消除疑慮

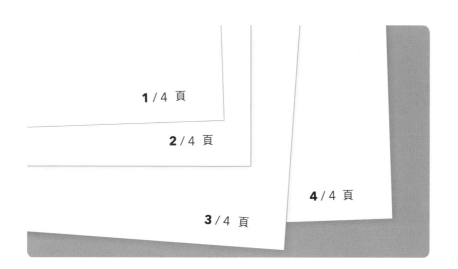

1 / 4 頁

2 / 4 頁

4 / 4 頁

3 / 4 頁

常見的失敗範例
將標題置中

可以為讀者做的事
把標題加粗、放大
並靠左對齊

在許多簡報發表的場合都可以看到置中的標題，相信你在工作中也常常看到過。

但是，看了右邊的「**失敗範例**」便可以理解，標題置中既不明顯也不容易讀。

若要讓對方能輕鬆閱讀，應該要把標題靠左對齊，而不是將標題置中。

同時字體一定要放大加粗。

訣竅就是把標題放大到讓你覺得「會不會有點太大」的大小。「**改善範例**」的大標題就比內文字體大上兩倍。

即便字體放到這麼大，視覺上也不會不舒服，相反的，「**失敗範例**」中僅使用同樣大小或稍微大一點的字體，視覺的對比不明顯，無法讓文字進入讀者的視線。

另外，若要使用條列式內容，可以加入像「改善範例」中的小標題，光是這樣便可以讓讀者順暢閱讀。

改善重點

- **標題改為靠左對齊。**
- **將標題放大加粗，條列式再加上小標題。**

失敗範例

標題置中，不易閱讀

〈本司新產品介紹〉

「L-EX 123」是什麼？

本公司新產品「L-EX 123」是不但能降低成本，又能實現前所未有的高效能的創新商業機型。

三大亮點

大幅降低的運行成本，與過去產品相比處理速度大幅提升。
具備多種預設模組可供使用，輕鬆達成多樣化高品質輸出。
搭備大型觸控螢幕，操作更加簡單，同時具備密碼認證功能，防護等級更加提升。

改善範例

標題放大加粗，靠左對齊，加上小標題

本司新產品介紹

■「L-EX 123」是什麼？
本公司新產品的「L-EX 123」不但能降低成本，又能實現前所未有的高效能的創新商業機型。

■三大亮點
● 高生產力
大幅降低的運行成本，與過去產品相比處理速度大幅提升。

● 高性能
具備多種預設模組可供使用，輕鬆達成多樣化高品質輸出。

● 高操作性
搭備大型觸控螢幕，操作更加簡單，同時具備密碼認證功能，防護等級更加提升。

1 準備

2 「圖」的功能

3 製「圖」

4 範例集

常見的失敗範例
能夠做成條列式的地方都以條列式呈現

可以為讀者做的事
將條列式更進一步呈現，
加深讀者的印象

　　條列式呈現在文章中能發揮一定的效果，標示在前面的項目記號（「‧」與「■」）以及條列式句尾的留白，都可以抓住讀者的目光（請複習第 148 頁的內容），但是總是有例外。

　　請看**「失敗範例」**，畫面上只有短短三行條列式，看起來有點冷清。這種時候，可以把條列式改成以圖解呈現。

　　請直接看下面的**「改善範例」**。

　　在改善範例中，雖然僅僅只是把圓排成一排，但畫面變得更充實，這樣是不是更容易讓人留下印象呢？

　　雖然只是個平凡的小技巧，但會活用的人卻不多。

　　設法將圖形中的文字簡短地表達才能獲得成效，句子若太長會塞不進圖形，也更難掌握讀者的注意力。

　　先從準備簡短的條列式開始吧。

改善重點

- **將條列式以橫列的圓形呈現。**
- **標記編號表示內容的順序。**

失敗範例

條列式有時看起來很單調乏味

本公司資訊運用上的評價重點

- ・收集力
- ・整理力
- ・傳達力

改善範例

以圖解呈現較容易留下印象

本公司資訊運用上的評價重點

1 收集力	2 整理力	3 傳達力

1 準備

2 「圖」的功能

3 製「圖」

4 範例集

常見的失敗範例
位置太小，沒有足夠的空間說明順序

可以為讀者做的事
強調順序的編號
可以讓人更容易理解

　　製作指示步驟的說明時，要將各步驟以框線圈起來，並以箭頭表示順序，讓對方逐步觀看步驟過程。

　　但是如果篇幅不夠，常常只能以文章呈現，是否有只用文章就能傳達步驟的技巧呢？

　　先看右邊的「**失敗範例**」。失敗範例是在有限的空間中塞滿說明的文章，雖然是不得已的作法，但這樣實在是非常難以閱讀，更不容易掌握整體的資料結構。

　　不過，仔細看文章與編號的相對性，還是可以找到多少達到一些成效的方法。

　　請看「**改善範例**」。改善範例中僅是把步驟編號在左側以凸排配置，便能輕易掌握整體文章的結構。

　　編號具有顯示文章結構的功能，只要讓編號更醒目，便能讓讀者輕易掌握整體結構。

改善重點

- **將步驟編號在左側凸排配置。**
- **將步驟編號改為粗體。**

編號混在文字中，會找不到步驟

電子信箱申請步驟

1. 註冊電子信服務，登入會員後在首頁點選註冊電子信箱。

2. 輸入電子信箱地址，點選「更新」，在內容確認畫面中點選「註冊」便可完成註冊，至多可註冊兩個電子信箱。

3. 接下來申請電子信服務，在首頁點選「電子信服務申請」。

4. 在需要的服務項目勾選後點選「更新」。

 改善範例

將編號凸排可以讓步驟清楚明瞭

電子信箱申請步驟

1. 註冊電子信服務，登入會員後在首頁點選註冊電子信箱。

2. 輸入電子信箱地址，點選「更新」，在內容確認畫面中點選「註冊」便可完成註冊，至多可註冊兩個電子信箱。

3. 接下來申請電子信服務，在首頁點選「電子信服務申請」。

4. 在需要的服務項目勾選後點選「更新」。

常見的失敗範例
文章的排版全部擠在一起

可以為讀者做的事
排版要有彈性，
若文行太長可改成兩欄走文

　　首先請看「**失敗範例**」。這個例子看起來很正常，所以到底哪裡有問題呢？

　　但是仔細閱讀文章後，眼尖的人便會察覺到閱讀不是很通順的情況。

　　乍看之下雖然是普通的文章，但其實每一行都排了太多文字。

　　就像這個範例一樣，「內容精簡的短文」一般來說每一行都不宜過長，這樣比較好閱讀。

　　再來看「**改善範例**」，文章分成兩欄，每行的長度縮減為二分之一。

　　再讀一遍文章便會知道這樣好讀許多。

　　根據內容不同，說不定有些文章不適合這種方法，不過像這樣內容輕鬆的短文，這種方法的效果會非常好。

　　如果有機會參與製作公司內部報紙或定期報告等企劃，可以善用這個方法。

改善重點

- **由於文行太長，將文章分為左右兩欄。**
- **減少每行文字數，改善閱讀的節奏。**

失敗範例

每一行太長便難以閱讀

活動介紹

公私生活平衡演講通知

　　您平常的工作與生活間有取得平衡嗎？最近許多人反映工作太忙沒有自己與家庭的時間。配合下個月的「員工感謝日」，我們要舉辦最適合您的活動。到底要如何兼顧工作與私生活呢？而企業又需要設立怎麼樣的制度呢？我們將請到在各大企業處理此類問題的講師與大家分享經驗。請他為我們介紹企業與員工共同完成的成功案例。歡迎各位邀請家人一同參與，活動當天亦附設托兒所可供利用。下午兩點於「夢想大廳」準時開始。

改善範例

縮短文章欄寬就變得容易閱讀

活動介紹

公私生活平衡演講通知

　　您平常的工作與生活間有取得平衡嗎？最近許多人反映工作太忙沒有自己與家庭的時間。配合下個月的「員工感謝日」，我們要舉辦最適合您的活動。到底要如何兼顧工作與私生活呢？而企業又需要設立怎麼樣的制度呢？我們將請到在各大企業處理此類問題的講師與大家分享經驗。請他為我們介紹企業與員工共同完成的成功案例。歡迎各位邀請家人一同參與，活動當天亦附設托兒所可供利用。下午兩點於「夢想大廳」準時開始。

1 準備

2 「圖」的功能

3 製「圖」

4 範例集

常見的失敗範例
把文字放大就會比較好讀

可以為讀者做的事
將文字調小前，
先調整行距的寬度

　　是不是常常有人跟你說：「文章不好閱讀，可以把字放大一點嗎？」

　　很多人都覺得把文字放大就會比較好讀，但這樣的認知不完全正確。

　　年長者看不清楚小字卻能輕鬆閱讀報紙，可見問題不在於文字的大小。

　　那原因為何呢？其實影響閱讀難易度還有另一個重要的因素，那就是「行距」。

　　請看**「失敗範例」**。文字的大小剛好但卻不易閱讀，為什麼會這樣呢？這是因為行距太過狹小。而**「改善範例」**預留充分的行距，可以相當舒適地閱讀。

　　其實改善範例的文字大小，只比失敗範例小了 5%。

　　就算文字較小，只要注意行距寬度，便可確保閱讀順暢。

　　當然，太小的字還是會有問題，但多數閱讀困難的情況都是發生在行距上，因此要時常確認行距大小。

改善重點

- 將行距調整到適當寬度。
- 把文字縮小 5%，再次確認閱讀難易度。

 **失敗範例**

就算文字較大，行距太小還是很難閱讀

匯率變動的風險

伴隨匯率變動，外幣購置的資產價值亦會變動。
一般而言，日元高漲便會讓外幣購置的資產價值
減損。

 改善範例

適當的行距下，就算字體小也不影響閱讀

匯率變動的風險

伴隨匯率變動，外幣購置的資產價值亦會變動。
一般而言，日元高漲便會讓外幣購置的資產價值
減損。

常見的失敗範例
將複雜的訊息以條列式呈現

可以為讀者做的事
為各條列項目資訊分類
並附上圖表

　　將內容條列化可以幫助理解文章內的資訊，但也有些資訊以條列式呈現反而無法發揮效果。

　　請看「**失敗範例**」。以條列式簡短扼要地列出日期與資訊，但是讀完一遍也很難掌握整體的行程。

　　當多筆資訊以複雜的方式呈現時，讀者很難一邊讀文章一邊在腦中分類資訊。

　　要傳達數個資訊同時進行的行程，最好的解決辦法就是附上一張圖表。

　　以這個角度來看「**改善範例**」，將原本的資訊分成三類：會議名稱、時間與備註。

　　雖然有人會覺得失敗範例只要仔細閱讀也看得懂，但圖解化可以為讀者省去分類資訊的時間，也能減少誤會發生的可能性。在圖解的形式下，「什麼事」在「什麼時候」發生都可以看得一清二楚，另外還在下面附上月曆格式的會議日程表。

　　這樣讀者更好掌握會議的頻率與前後關係。

改善重點

- **將資訊分為三類，並將文章圖解化。**
- **附上月曆格式的日程表。**

失敗範例

複雜的訊息以條列式呈現也很難傳達清楚

各會議行程

①企劃會議在第一與第三週的禮拜五早上 10 點開會，前天的禮拜三前除了要
　將企劃書發給全體企劃部，業務部與企劃部要再以電子檔寄送一份。

②定期會議（企劃部）在每週二的早上 10 點半開會，會議時程盡量簡短。

③聯絡會議（業務部與促銷部）於企劃會議的隔週二早上 10 點 45 分開會。

改善範例

將項目分類並附上圖表就能一目瞭然

各會議行程

	時間	備註
❶ 企劃會議	第一週五 10:00 am 第三週五 10:00 am	**[繳交資料] 企劃書**（前天週三前） ● 全體分發：企劃部 ● 電子檔：業務部、企劃部 [參加者] 業務部、企劃部
❷ 定期會議	每週二　 10:30 am	[參加者] 企劃部
❸ 聯絡會議	第二週二 10:45 am 第四週二 10:45 am	[參加者] 業務部與促銷部

	週一	週二	週三	週四	週五
第一週		❷ 10:30			❶ 10:00
第二週		❷　❸ 10:30　10:45			
第三週		❷			❶

條列式的項目很少，就用文章呈現

可以為讀者做的事
即使項目少
也可以整理資訊並附上圖表

　　條列式的項目不多時，很多人會覺得這樣的內容不會很複雜，讀者應該可以充分理解。

　　請看「**失敗範例**」。條列項目只有兩項，但看起來像是容易理解的資訊嗎？如果你是讀者，應該也會覺得是篇麻煩的文章吧？

　　即便項目不多，也不能斬釘截鐵地說是容易理解的資訊。如果項目內容過於複雜，也無法減輕讀者的負擔。

　　再來看「**改善範例**」，它將僅有的兩個項目資訊圖表化，並附上了圖解。

　　這樣讀者便可以確定什麼事情會在什麼時候實施。

　　項目不多的話，把資訊做成圖解也不會花太多時間。雖然只是小地方，但是為讀者著想的心也可以大大轉變閱讀的印象。

改善點

- **將條列式文章圖解化。**
- **附上以時間軸為中心的圖解。**

失敗範例

無論多詳細的說明，文字表達也有極限

產品說明會與商品名會議的相關事項

①產品說明會將於上市日期50天前的星期二早上九點半開始，前兩天的禮拜一下午五點前要將產品說明單與相關資料以電子檔寄送給業務部與商品企劃部。產品說明單也要上傳至網路。

②商品名會議在產品說明會該週星期五早上九點半開會，會議前一天下午五點前要將商品名候選案與相關資料以電子檔寄送給各部長與業務部。

改善範例

小圖表快速幫助讀者的理解

產品說明會與商品名會議的相關事項

		時間	備註
1	**產品說明會**	上市日 50 天前的 星期二 9:30 am	[繳交資料] 產品說明單、相關資料 (前一天星期一 5:00 pm 以前) ● Email：業務部、商品企劃部 ● 網路：全公司
2	**商品名 會議**	產品說明會該週的 星期二 9:30 am	[繳交資料] 商品名候選案、相關資料 (前天的 5:00 pm 以前) ● Email：各部長、業務部

```
        上市
2個月前  50天前      1個月前                上市
   ●────❶─●─❷──────●──────────────▶
       星期二 星期五
```

1 準備

2 「圖」的功能

3 製「圖」

4 範例集

常見的失敗範例
以自己的角度製作清單

可以為讀者做的事
將文章中的資訊內容
作有意義的分類與編排

先來看「**失敗範例**」。失敗範例只有把清單項目列出來而已。

從這當中你能讀出什麼內容嗎？應該很難吧，頂多能知道與十四個國家進行了交易。

目前的狀態幾乎可說是一個沒有價值的資訊。

接著來看「**改善範例**」。改善範例以地區分類世界，並排出世界地圖的相對位置，雖然只是簡單的點子，卻能讓清單式的資訊有了巨大改變。

比方說，可以直覺了解到出口範圍遍及世界各地，同時也能注意到中東國家比其他地區國家來得多。

因此傳達資訊要有主題，並且適當的分類。

如此一來，即便是同樣的資訊也能給予讀者不同的印象，「**改善範例**」的分類法只是其中一例，比方說按 GDP 分類或按出口量分類等，有無限多種分法。

選擇與主題契合的分類法吧！

改善重點

- **將清單從筆劃排列改為按地區分類。**
- **為了更容易掌握整體印象，按照世界地圖的位置排放。**

失敗範例

沒有被賦予意義的清單無法掌握整體印象

本公司產品出口國（按筆畫排列）

- 中國
- 伊拉克
- 伊朗
- 沙烏地阿拉伯
- 奈及利亞
- 委內瑞拉
- 科威特

- 美國
- 智利
- 瑞士
- 新加坡
- 德國
- 澳洲
- 韓國

改善範例

在分類與排法上下工夫可以獲得良好效果

本公司產品出口國

歐洲
- 瑞士
- 德國

非洲
- 奈及利亞

中東
- 伊拉克
- 伊朗
- 科威特
- 沙烏地阿拉伯

亞洲
- 韓國
- 新加坡
- 中國

大洋洲
- 澳洲

北美洲
- 美國

中南美洲
- 委內瑞拉
- 智利

1 準備

2 「圖」的功能

3 製「圖」

4 範例集

為了簡潔傳達資訊而減少層次

可以為讀者做的事
適當分組、分層次，
讓讀者能鎖定資訊

　　訊息的層次過多容易讓讀者陷入混亂，所以應該減少層次。這是相當合理的想法，我也同意應該減少層次，但要是刪除理解所需的層次，便不易理解資訊本身的架構。

　　請看「**失敗範例**」。這是一張學校的學程介紹圖，總共有十六門學程，不覺得看了有種不安的感覺嗎？選擇太多會讓讀者混亂，不知道要看哪一個。

　　<u>像這種情況，要將資訊分組、分層次，讓讀者更容易掌握內容。</u>

　　請看「**改善範例**」。改善範例將十六門學程分為四大組，增加資訊的層次，可以讓讀者有效率地選擇要處理的資訊。

　　<u>選擇的數目雖然一樣，但是否有適當的層次設計，可以影響讀者的決策效率。</u>

改善重點

- 將十六個選擇分成四個群組。
- 替四個群組命名，更容易選擇需要的資訊。

 **失敗範例**

完全沒有層次，項目太多會陷入混亂

本校學程

商業會計	會計管理	會計經濟	會計金融
商業管理	創業家精神	創業管理	國際商業會計
國際商業金融	國際管理與商業營運	金融投資	金融心理學
不動產管理	資產投資金融	都市開發不動產	地方不動產管理

 改善範例

將選擇項目分組便可獲得改善

本校學程

會計學程
- 商業會計
- 會計管理
- 會計經濟
- 會計金融

會計學程
- 商業會計
- 會計管理
- 會計經濟
- 會計金融

不動產計畫學系學程
- 不動產管理
- 資產投資金融
- 都市開發不動產
- 地方不動產管理

不動產計畫學程商業管理學程
- 商業管理
- 創業家精神
- 創業管理
- 國際商業會計
- 國際管理與商業營運

常見的失敗範例
重要的部分用別的顏色表示

可以為讀者做的事
不應該改變顏色，
而是改以粗體或底線來強調

　　資料或手冊中常見到文字以不同顏色來強調重點的例子。有很多人覺得，不希望讀者漏看的部分要以不同的顏色來吸引目光，然而也是有反效果的情況發生（請參照第 86 頁）。

　　請看「**失敗範例**」。失敗範例在重要的部分改變顏色標記。

　　但是請回想一下，每個人對顏色的認知天差地遠，<u>**有對顏色敏感的人，也有無感的人**</u>，也有不以顏色而以黑白圖像來記憶事物的人。

　　另外，黑白影印的資料下，不論是文字或是圖像，顏色的效果都會變差。一般而言，<u>**黑色最不受影印的影響**</u>，如同在「**改善範例**」中，使用**粗體**與<u>底線</u>便沒有任何風險。

　　<u>**重點處以顏色標記也沒有問題，但要確保顏色以外強調的方法**</u>，才能對應各種人與各種情況。

改善重點

- **使用粗體字強調重點。**
- **粗體字再加上底線加強重要性。**

失敗範例

黑白影印時會看不清楚重點

網路系統服務契約的注意事項

「B 型合約」將綁兩年約，在合約到期之
前解除契約會向您收取違約金。
敬請見諒。

 改善範例

粗體與底線在各種情況下都很顯眼

網路系統服務契約的注意事項

「**B 型合約**」將綁兩年約，在合約到期之前
解除契約會向您收取**<u>違約金</u>**。
敬請見諒。

常見的失敗範例
目次頁碼統一放最右邊

可以為讀者做的事
將頁碼放最左邊，
拉近與目次內容的距離

　　製作較多頁數的資料時便會需要目次。橫式書寫的目次一般都習慣把頁碼放在最右邊。

　　請看「**失敗範例**」。此為相當普遍的目次排版。內容與頁碼以點線連接，這種標記法甚至可以說是社會通則，你不會覺得哪裡奇怪。

　　但這種方法真的比較好讀嗎？你是否懷疑過這樣的規則？

　　用手指沿著連接左右的點線來參照頁碼，或是就在目次左邊標記頁碼，哪一種比較不會讓讀者誤會？

　　請看「**改善範例**」。頁數標記在內容的左側，**不需要用食指畫線，立刻就能知道頁碼**。

　　這個技巧在國內外都很常見，相信你也曾看過。

　　請記住，這是一個能讓讀者省時省力的好方法。

改善重點

- **刪除目次內容與頁碼間的點線。**
- **將頁碼移至目次內容的左側。**

參照的資訊太遠，確認變得相當麻煩

本公司的廣告策略

改善範例

參照資訊較近，可以輕鬆確認

本公司的廣告策略

1 準備

2 「圖」的功能

3 製「圖」

4 範例集

結語

大家都知道，十七世紀前半出生的法國哲學家笛卡爾是名偉大的數學家。比方說，想出「座標」的人就是笛卡爾。

座標的發明轟動當時的數學界。從此，每個人都能以視覺式與直覺式的理解數據每一刻的變化。被數字支配的世界產生極大的改變。

而且座標並沒有止步於解析幾何學的領域，還扮演著指引數學未來方向的角色，牛頓與愛因斯坦等天才也繼承了這個概念。仔細咀嚼座標為社會帶來的意義，便會發現圖解的源流之處有笛卡爾的存在。

另外，有些人可能會想到與笛卡爾同時期的數學家布萊茲·帕斯卡。對於概率論發展有極大貢獻的帕斯卡在他的主要著作《思想錄》中如此寫道：「『雄辯』為何？雄辯就是可以讓對方沒有負擔、欣喜聆聽的內容。」說得誇張一點，闡述「圖解術」的本書，便是為了實現帕斯卡「雄辯」的工具。

而我繼續閱讀《思想錄》後讀到這一段：很多人提到自己寫的書時，會稱之為「我的書」。但不是應該稱為「我們的書」才對嗎？因為比起自己的部分，更多的內容是他人的結晶。

「你要不要寫一本關於圖解的書？」

本書誕生的契機，是某一天倫理思考教育的先驅，渡辺パコ（Watanabe Paco）先生如此建議我的緣故。如果不是有他幫忙，這本書絕對不會誕生。

另外，在寫作過程中，編輯古川有衣子女士也給我許多建言。因為有他們的幫助才能完成這本書。

在此向兩位致謝。

另外，現在回想起來，本書的大部分內容都是設計界前輩累積至今的智慧結晶，我不過是以我的方式統整而已。我擁有的知識，其實大部分都是前人們的成果。

我剛好用了一整個寒冬，一邊汲取熱咖啡的溫度，時而煩惱，一邊摸索著書寫。我還記得房間裡播著聖桑演奏的德布西鋼琴曲。寫作是孤獨的工作，但是現在再回頭看，如果有人問我這些都是我自己寫出來的嗎，我想我回答不出來。

　　我不用再拿出帕斯卡說過的話，如果這麼說不會對其他人太失禮，那毫無疑問，這是「我們的書」。

　　我之所以會花很多時間「致力於簡單易懂」這件事上，與我過去曾經待過蒙古有很大的關係。對蒙古語言一竅不通的我，曾經在蒙古首都的學校擔任設計老師。

　　不論在學校內外，我都為了要「表達我想說明的事」而吃盡苦頭。於是我開始思考如何用設計的力量來解決「說明」的困境。

　　所以，我在蒙古認識的學生、同事與好友們，都一同成就了這本書。

桐山岳寬

2017 年 6 月

参考書目

Bigwood, S. and Spore, M. (2003). *Presenting Numbers, Tables, and Charts.* New York: Oxford University Press.

Bowker, G. and Star, S. (2000). *Sorting things out.* Massachusetts: The MIT Press.

Cairo, A. (2013). *The functional Art.* Barkeley: New Riders.

Ervin, C. (2011). Pie charts in financial communication. In *Information Design Journal* 19(3), pp.205–215

Hartley, J. (1994). *Designing Instructional Text.* New Jersey: Kogan Page.

Holmes, N. (1991). *Designer's guide to creating charts & diagrams.* New York: Watson Guptill.

Horn, R. (1999). Information Design: The Emergence of a New Profession. In R. Jacobson (Eds.), *Information Design* (pp. 15–33). Massachusetts: The MIT Press.

Joshi, Y. (2003). *Communicating in Style.* New Delhi: The Energy and Resources Institute.

Knaflic, C. (2015). *Storytelling with data.* New Jersey: Wiley.

Kosslyn, S. (1994). *Elements of graph design,* New York: W. H. Freeman and Company.

Tufte, E. (1983). *The visual display of quantitative information.* Connecticut: Graphics Press.

Westendorp, P. and Waarde, K. (2000 / 2001). Icons: Support or substitute? In *Information Design Journal* 10(2), pp. 91–94.

Waller, R. (1982). Using typography to improve access and understanding. In D. H. Jonassen (Eds.), *The technology of text.* New Jersey: Educational Technology Publications.

Wong, D. (2010). *The Wall Street Journal Guide to Information Graphics.* New York: Norton.

Wright, P. (2015). Designing information for the workplace. In J. Frascara (Eds.), *Information design as principled action.* (pp. 67–74). Illinois: Common Ground Publishing.

ワーマン, R. (1990).『情報選択の時代』. 日本実業出版社 .

〈免費圖解製作素材〉

連結以下網址或掃描 QR code，即可獲得有助
於圖解製作的素材喔。

https://kanki-pub.co.jp/pages/zukaitext/

Information Design
一看就懂的高效圖解溝通術
企劃、簡報、資訊傳達、視覺設計，各種職場都通用的效率翻倍圖解技巧

原文書名	説明がなくても伝わる 図解の教科書
作　者	桐山岳寬
譯　者	李秦
特約編輯	劉綺文

總編輯	王秀婷
責任編輯	向艷宇
版　權	張成慧
行銷業務	黃明雪

發行人	涂玉雲
出　版	積木文化

104 台北市民生東路二段 141 號 5 樓
電話：(02) 2500-7696｜傳真：(02) 2500-1953
官方部落格：www.cubepress.com.tw
讀者服務信箱：service_cube@hmg.com.tw

發　行　英屬蓋曼群島商家庭傳媒股份有限公司城邦分公司
台北市民生東路二段 141 號 11 樓
讀者服務專線：(02)25007718-9｜24 小時傳真專線：(02)25001990-1
服務時間：週一至週五 09:30-12:00、13:30-17:00
郵撥：19863813｜戶名：書虫股份有限公司
網站：城邦讀書花園｜網址：www.cite.com.tw

香港發行所　城邦（香港）出版集團有限公司
香港灣仔駱克道 193 號東超商業中心 1 樓
電話：+852-25086231｜傳真：+852-25789337
電子信箱：hkcite@biznetvigator.com

馬新發行所　城邦（馬新）出版集團 Cite（M）Sdn Bhd
41, Jalan Radin Anum, Bandar Baru Sri Petaling, 57000 Kuala Lumpur, Malaysia.
電話：(603) 90578822｜傳真：(603) 90576622
電子信箱：cite@cite.com.my

國家圖書館出版品預行編目（CIP）資料

Information Design 一看就懂的高效圖解溝通術：企
劃、簡報、資訊傳達、視覺設計，各種職場都通
用的效率翻倍圖解技巧 / 桐山岳寬著；李秦譯 .--
初版 .-- 臺北市 : 積木文化出版 : 家庭傳媒城邦分
公司發行 , 2018.09
　面；　公分
譯自：説明がなくても伝わる 図解の教科書
ISBN 978-986-459-150-3（平裝）

1. 簡報 2. 圖表

494.6　　　　　　　　　　　107013365

封面設計	葉若蒂
內頁排版	薛美惠
製版印刷	中原造像股份有限公司

售價　NT$480
ISBN　978-986-459-150-3
2018 年 9 月　初版一刷